海事一般がわかる本

（改訂版）

富山商船高等専門学校 名誉教授　山崎　祐介

SEIZANDO

まえがき

本書『海事一般がわかる本』は，船舶職員を目指す方々をはじめ，船舶の運航に関わるすべての方々が，最低限知っておくべき「海事」の知識を網羅して，簡潔にまとめたものである。幸いなことに，海事関係の学校の教科書を中心に，多くの方々に利用していていただいてきたが，初版発行以来，12年を経過した今般，操船，海事法規などを中心に改訂を行った。

地球上には広大な海がある。人類は，海に浮力があることを本能的に知っていた。今から約2千年前に古代ギリシアの数学者アルキメデスは，「流体中の物体は，その物体が押しのけた流体の重さ（重力）と同じ大きさの浮力を受ける」という，アルキメデスの原理を発見した。この浮力が地球上にあったことは，人類にとって大きな自然の恵みの一つであった。この力のおかげで，物の輸送は，荷馬車から海に浮く船が使われるようになった。以来，人類は船を進化させ，極めて省エネルギーに国際海上輸送を行ってきた。日本の貿易物資のほぼ100%（重量ベース）が船で運ばれていることをご存じだろうか。そうして私たちの生活は成り立っている。

海上運送に係る組織の一つに海洋会がある。海洋会は明治，大正，昭和，平成と東京・神戸両商船大の連合同窓会（正会員約1万名）であり，来年（2020年）に創立100年を迎えようとしている。海洋会員は，社会の先頭に立ち，海運及び関連産業を通じて島国である，我が国の発展に貢献してきた。会員は，このことにひそかな誇りを持っている。著者も一般社団法人海洋会の会員の一人である。どんなに科学技術が進んでも，大海原では人間の存在はいかにも小さい。大海原を駆け抜ける海の男達は，「スマートで，目先が利いて，几帳面，負けじ魂，これぞ船乗り」といわれ，いつの時代でも魅力的である。著者も多くの人生分岐点で，船乗りの世界を選択した一人であるが，悔いはない。

今，船を取り巻く環境はどうなっているだろうか。

・船体は，トン当たりの運航経費の低減を狙って大型化しタンカーにおいては50万重量トンを超えた。
・市場需要に応じて高速化し20ノット以上の高速貨物船が多くなった。
・経済的輸送のために原材料の輸送は専用船化した。
・自動制御技術の導入により機関室の一定時間当直の廃止が認められるようになった。
・コンピュータ技術の進展により，航海計器は今や単能機ではなく，総合航海援助システムとして人間に多くの情報を与えてくれるようになった。通信設備も衛星通信により簡便となった。海難救助もGMDSSとして機能している。
・省力化のために乗組員は少数精鋭化し，外国航路の日本籍船に日本人と外国人が混じって乗り組む混乗が一般的になった。外航船に来船すると，船内は今や英語圏だと思ってよい。

今や，船乗りは，巨大ビルのオフィスの中のような船内で，巨大運送という，人間社会になくてはならない貴重な任務をこなして，七つの海を駆けぬけている。この環境にいる船乗りに対して，新しいシステムを使いこなし，故障しても安全な航海ができる，運用能力と国際感覚が，求められている。次に示す写真を見て頂きたい。ハイテク機器の並んだ中に船員がいる。ハイテク機器集団の役割は，その殆どが人間に有用な情報を与えて支援することで，意志決定の一部始終は昔同然，人間が行っている。船橋の外観が飛行機のコックピットに近くなってきたといわれるが，飛行機とは業務内容の質が異なっている。

まえがき

船には永い歴史があり，その間に培われた船員らの知恵の集積がある。シーマンシップとは，精神的なものを主としたスポーツマンシップとは違い，本書に著述したような船舶を運用する基本的な知識・技術を利用して，多くの情報を瞬時に処理して意志決定し，それをやり遂げる能力だと著者は考えている。人間の機能の高信頼性とそれにもとづく態度，まさにグッドシーマンシップが求められている。

一方，船の事故は，その隻数の多さもあって地球の気候を決めている海を破壊する可能性を秘めている。船舶の安全には，人間自身の機能・品質が大きく関わっている，環境保全や省資源にリンクする現代の大きな課題である。技術革新の結果として生まれた超高度なシステムが複雑になるにつれて，それが新たな危険性をもたらすということもあるであろう。残念ながら，外航海運や内航海運において，大型海難事故の原因に占める人的要因の比率は上昇している。安全管理は，今や国際的になり，従来の船長から会社ぐるみの組織に移った。これからは，ますます安全が重要になるだろう。本書では，従来の，航海系の知識・技術の柱である，航海，運用，法規に並べて，船舶の安全に関わる国際条約などの基礎を簡潔にまとめた。

本書の目的は二つある。一つは，船舶職員を目指そうとする人々のための必要最小限の知識の要約である。二つは，船の運航に関して陸上支援や陸上における運航管理や安全管理が増大していることなどを勘案して，船舶職員だけではなく船舶運航に携わる全ての人々に知っておいてほしいと思う，船の運航を中心とした必要最小限の知識の海事（航海）概説である。

船舶職員を志す人々に対しては，本書をサラッと読んで飛ぶ鳥の目から見たように，海事一般を眺め，「何故？」，「もっと詳しく」という気持ちを持ち，航海，機関，運用，法規，安全に関する専門書をじっくり読んで頂きたい。登山においても，今，自分がどの辺りまで登ったかということが分からないと，途中で止めてしまいたい気持ちになることがある。本書を一読しておけば，学習過程のどこにいるかが分かり，途中で挫折することは少ない。

要は，読者諸氏に今どきのグッドシーマンシップが効果的にかつ手短かに伝われば幸いである。

おわりに，成山堂書店の小川典子社長を初め，編集者のみなさん，そして，航海計器などの写真を提供して頂いた古野電気㈱に深甚の謝意を表します。

2019年6月

著　者

まえがき

第一編　航　海

第二編　運　　用

第8章　操　　船　110

第9章　錨 泊 法　124

第10章　載　　貨　127

第四編　安　　全

第一編　航　海

地球上の任意の出発地点から目的地点へ安全かつ効率的に船を航海させようとする航海学の大部分は，測位（そくい）（地球表面上の自船の位置を測る技術）が占めていた。この測位は，GPSの登場によって著しく進歩した。カーナビゲーションなどはその好例である。地理不案内であっても，自動車でたいていの所へは簡単に行って帰ってこれるようになった。これと同様に，測位は航海者にとって大変簡便なものとなった。この技術はますます進化し，ヨーロッパ独自のGPSシステム，ガリレオの開発が2002年3月に決定し，現在EUは，米国のGPSに対抗して，100億ユーロ（約1兆3200億円）を投じて衛星測位システム「ガリレオ（Galileo)」を整備し，2026年の完全運用を目指すといわれている。

この技術の急激な発達と同時に，商船運航に関する学問の中で測位論の研究も大幅に減少した。また，ジャイロコンパス，レーダ，自動衝突予防援助装置，ドップラーログ，電子海図表示システムなどが誕生した。そして，情報処理技術の発達により，航海計器は，従来の単能器からその機能をシステム化した総合航海援助システムとして使われはじめている。

こうした技術の発展により，様々なことが便利に行えるようになった。もちろん，便利なことは大変良いことである。しかし，昔のものは，陳腐なものとおろそかにしてはいけない。便利さの背景には，紀元前からの先人たちによる，気の遠くなるような長い時間，莫大な労力，そして血のにじむような努力の過程があったことを忘れてはならない。

写真1－1に最新式の船橋を示す。

写真1－1　最新式の船橋

第1章　航海計器の原理と機能

1　磁気(じき)コンパス（マグネットコンパス：Magnetic Compass）

航海をするためには，方位（方角，針路）情報は必要不可欠な情報である。これを与えてくれるコンパスの元祖は，紀元前から存在した。BC 120 年頃に中国の磁石を利用した磁気コンパスは，大発明の１つであったとされている。磁石の性質を利用したマグネットコンパスは，現在でも使用されている。大型船では，後述するジャイロコンパスが主流となるが，電源供給不能時や機器故障時の非常用にマグネットコンパスが法定備品として，備えられている。最近，自差や偏差の修正がデジタルスイッチにより修正できて，レピータ（子器）も接続可能な「電子磁気コンパス」も登場した。写真1-2にマグネットコンパスを示す。

写真1−2　マグネットコンパス

1.1　原　　理

磁石が常に北を指す性質を利用して，紀元前から使用されてきた。鋼製の針を永久磁石として液体に浮かべ，その向きで南北を知ろうとするものである。

1.2　測定目盛指示方式

今では，全周を 360 度に等分した 360 度指示方式が使用されている。

船乗りは，昔から点画式(てんかくしき)をよく使用してきた。今でも風向などに使用する。点画式は，全円周をまず，北と南に２分し，次に東西南北というように４分割し，最終的には 32 分割してその１つを１点（1ポイントといい，11 度 15 分 0 秒）

とし，それをさらに4等分して4分の1点を最小目盛りとした指示方式である。測定目盛り盤のことをコンパスカードという。図1−1に点画式のコンパスカードの一部分を示す。北に近い矢印の方向を，NNE（ノー(ス)・ノー(ス)・イースト＝North North East）といい，東に近い矢印の方向は，「ノー(ス)・イースト・バイ・イースト」という。ここで「バイ・イースト」とは，「1点東に寄る」の意であり，NEから1点Eの方向を意味する。

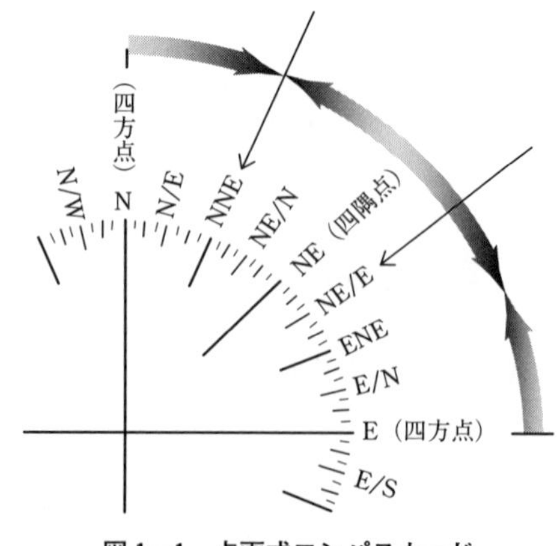

図1−1　点画式コンパスカード

1.3 誤　差

地球自体が大きな磁気体であり，地理上の北極・南極の近くに磁北・磁南があるので，コンパスの磁針（コンパス・ノース：Compass North : C.N）は，地理上の北極（トゥルー・ノース：True North : T.N）を指すのではなく，磁北(じほく)（マグネティック・ノース＝Magnetic North : M.N）を指し，ズレがある。このズレを偏差(へんさ)（バリエーション＝Variation : Var）という。この偏差は，年月の経過や地球上の位置によって異なり，その値は海図に掲載されている。また，船体の鋼鉄や船内にある鉄が磁気を帯びて磁針の向きを変えてしまう。これを自差(じさ)（デビィエーション：Deviation : Dev）という。船ごとに異なり，各船で測定された値が自図曲線図として備えられている。図1−2に自差曲線図を示す。偏差と自差を加減したものをコンパスエラー（C.E）といい，磁気コンパスの誤差の一例を図1−3に示す。コンパスエラーは常にあるので，真方位や，真針路をコンパスエラー

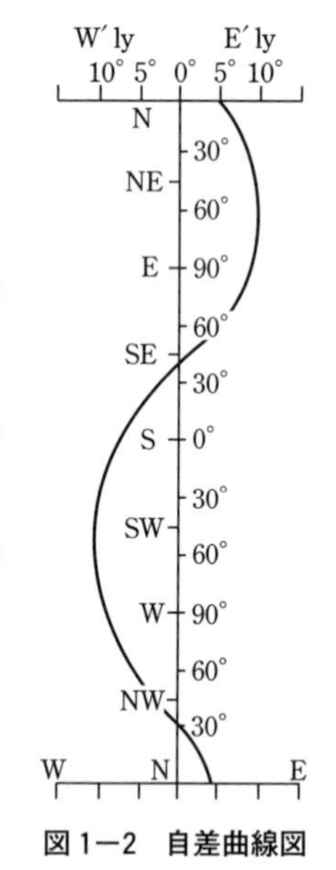

図1−2　自差曲線図

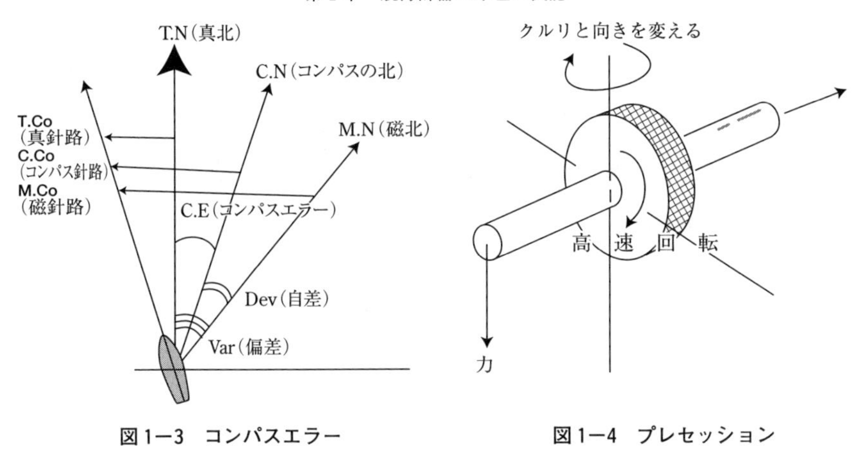

図１―３　コンパスエラー　　図１―４　プレセッション

を加減して求めなければならない。図1－3は，C.N，M.N，T.N，Dev，Var，C.E，C.Co（コンパスコース：コンパス針路），M.Co（マグネットコース：磁針路(じしんろ)），T.Co（トゥルーコース：真針路）の関係を表わしている。

2　ジャイロコンパス（Gyro Compass）

19世紀後半以降，鉄や鋼が木に変わって船舶材料の主流となった。このため，磁気コンパスに大きな自差（10～20度）を生じ，沿岸航海中に座礁する船も多くなった。そこで，自差・偏差のない，ジャイロコンパス（原理発見者はフランスの物理学者フーコー）が登場した。

ジャイロスコープ（こま）を使用したコンパスであることから，ジャイロコンパスといわれる。

2.1　指北原理(しほくげんり)など

図1－4に示すように，こま（ジャイロスコープ）を3軸（回転軸，水平軸，垂直軸）自由に高速回転（毎分12,000回転）すると，その回転軸は回転惰性により外力を加えない限り絶対方向を向く。回転軸に力を加えると普通の物体と異なり，力と直角な方向にすりこぎのように，回転軸の旋回が起こる。これをプ

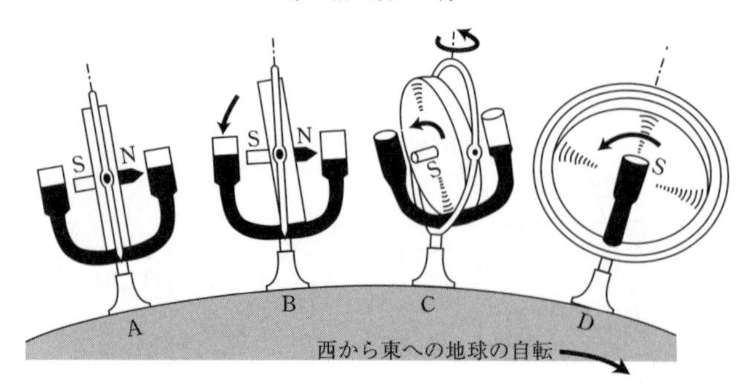

図1—5　ジャイロコンパスの指北原理

レセッションという。これらの性質を利用し，スペリー型ジャイロコンパスは，回転軸に自動的に力を与えるめに水銀を入れたU字管を使っている。図1-5に示すように地球の自転による地盤傾斜で，同じ方向を保っているジャイロ軸が傾いてくると，地球の重力によってN側の水銀がS側に流れ込み，S側を上から押すことになる。

写真1—3　船橋前面レピータ・コンパス

このときプレセッションにより，N-Sのジャイロ軸が矢印のようにクルリと回転し，N側は北を向く。写真1-3に船橋中央前面に設置されたジャイロコンパスのレピータ・コンパス（子器）を示す。このコンパスは，船長をはじめとする操船者に頻繁に利用されている。

2.2　測定目盛り指示方式

全周を360度に分割した，分かりやすい360度指示方式となっている。

2.3　誤　　差

速度誤差と緯度誤差がある。

速度誤差とは，ジャイロコンパスの根本的な誤差で，船が地球上を走ることにより，地盤旋転の力と同様にジャイロ軸に与える力が変わることによる誤差で，自船の速力を入力して調整する必要がある。

また，緯度誤差は，特定の機種のみに生じる誤差で，現在の緯度を入力して修正する。

2.4　誤差測定

真方位とジャイロ方位の差で，例えば適当な重視線（重なって見える，距離の異なった一方向の２物標の方位線）の方位をジャイロコンパスで測り，海図上の重視線（じゅうしせん）（トランジットライン）の方位との差を測れば誤差（ジャイロエラー）が求められる。この誤差を適宜測定し，ジャイロ方位やジャイロ針路に加減して真方位，真針路を簡単に求めることができる。

2.5　特　　長

① マグネットコンパスのように自差，偏差がなく真北を指示する。ただし，ジャイロエラーの修正は必要である。
② 指北力が強く安定している。
③ ジャイロコンパスの信号を電気信号として多くの航海計器にリアルタイムで情報伝達して使用できる。
④ 電源が必要となる。

3　無線方位測定機（方向探知機）

3.1　利用法など

20世紀初期の第一次世界大戦中から使用されはじめた。わが国では昭和になって陸上方探局を設置した。そこで使用される無線方位測定機は，また方向探知機（ホータン）ともいわれ，比較的古くから利用されている。最近では他の有効な電子航法機器が出現したため，あまり利用されなくなったが，次のような利用法があるために，現在でも商船や漁船に装備されている。

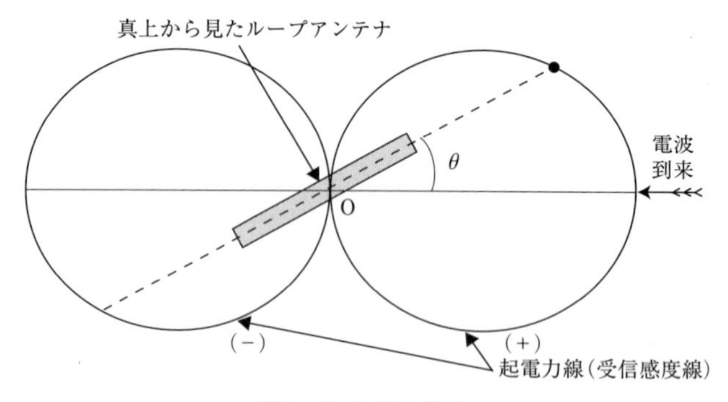

図1—6　8の字特性

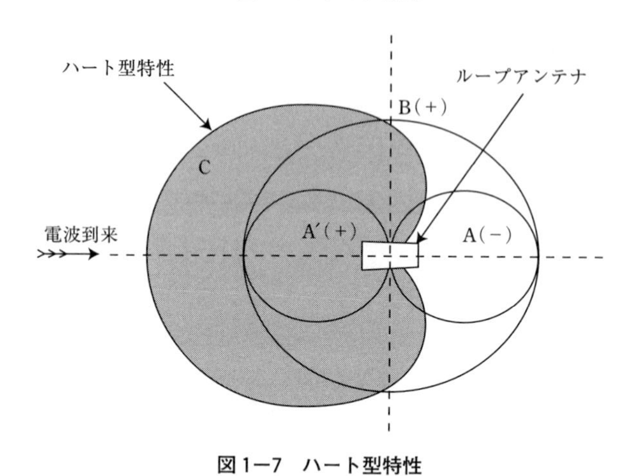

図1—7　ハート型特性

① 方位による位置の線の測定

② ホーミング（帰港法，その電波の到来方向に向かえば，電波を発射する所にたどり着ける）

③ 遭難信号発射中の遭難船救助

④ 電波を出しているラジオ・ブイの使用（無線方位信号を送信する電波標識局は，わが国では海上保安庁が管理し，灯台表に記載されている）

3.2　作動原理

指向性を持つアンテナで電波を受信し，強度最大の方向を探すと，電波の到来する方向が測定できる。図１−６に示すように，環状のループアンテナの受信感度は，入射角度がゼロのところで最大になるが，そのときの電波の到来方向が判別しにくい。他方，90 度や 270 度の方向では，受信感度はなくなる。零点は敏感に測定でき，電波の到来方向は，零となる方向に直角である。また，ループアンテナ（A，A′）だけでは前と後のどちらからくる電波かが分からない。そこで，無指向性の棒状センスアンテナを立てて，その誘起(ゆうき)電圧（B）を加算する。到来方向の信号は同符号で加算され，逆方向のは引算になり，合成パターンは図１−７に示すとおりのハート型（C）になり，電波の到来方向を知ることができる。

4　音響測深儀(そくしんぎ)（エコーサウンダー：Echo Sounder）

測深儀は，船の位置の水深を測定する航海計器である。水深は人間の目では分からない。船位が分かれば，海図でおおよその値を入手できるが，浅い水域を航海する場合は，測らければならない。昔は鉛のおもりをつけたロープ（手用測鉛(しゅようそくえん)，ハンドレッド）を海底に沈めてすばやく引き上げて水深を測っていたが，深い場合や船の速力が大きい場合はその使用に限りがあった。19 世紀後半になって水圧を利用して水深を測る，ケルビン式測深儀が使用されるようになり，20 世紀初頭になって音波の等速性を利用した測深儀が考案された。現在は，ほとんどの船がこれを利用している。

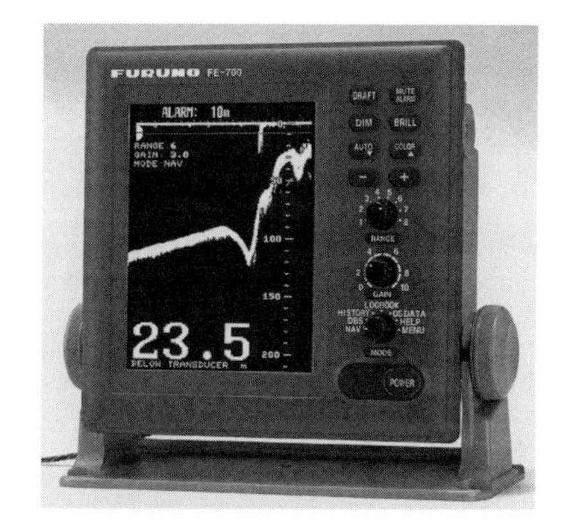

写真１−４　エコーサウンダー

最近，船舶の大型化が進み，喫水の深い船が増え，船底と海底の距離は意外と少なくなった。水深情報を得るための音響測深儀は重要な航海計器の１つである。写真１-４に最新のエコーサウンダーの１つの写真を示す。

4.1　原　　理

船底に音波の送受波器を設けて音波を海底に向けて発する。海底で反射して戻ってくる音波を受信し，その所用時間を計り，その２分の１に音波が水中を伝わる早さ（毎秒約1,500メートル）を乗じて水深を求めて，連続的に表示する。

4.2　特　　長

① 人手が不要である。

② 航行しながら連続的に水深を測定でき，進路の海底の起伏状態などが分かる。

③ 機関を後進にした際，変針した際など，送受波器付近で泡が生じる際は正確な測定ができない場合があるが，最近では改良されている。

5　測程儀（そくていぎ）（ログ：Log）

5.1　ノ ッ ト

目印のない海上で自船の位置を推測するためには，どちらの方向にどの距離航走したかという情報が必要である。そのために，航走速力を測定しなければならない。測程儀とは，船の速力や航程（航走した距離）を測る装置の総称であり，ログといわれる。帆船時代には，木片（ログ）に一定間隔に結び目（ノット）がついた細いロープをつけて船尾から流し，一定の時間に，いくつの結び目が出たかを数えて船の速力を測っていた。このことから船の速力を測る機器を「ログ」といい，船の速力の単位として「ノット（knot）」が今でも使われている。また，航海日誌のことを「ログブック」というが，これも速力情報を記録していた昔の名残である。なお，１ノットは，１時間に１海里（1マイル＝1,852メートル）の速度を意味する。今からわずか数十年前まで，電気を使

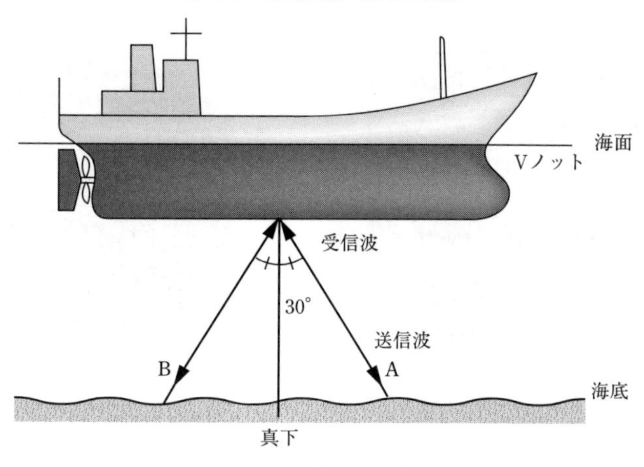

図1−8　ドップラーログの原理

わずに，これと似た方法で速力を測定していた。その後，船底から１メートル程のピトー管を海中に出し，水圧によって速力を測定する「圧力ログ」や，船底を流れる海水が磁力線を切る時に発生する起電力を検知して，速力を測定する「電磁(でんじ)ログ」が使用された。現在，大型船では後述する「ドップラーログ」が多く使用されている。

5.2　対地速力と対水速力

プロペラの回転数や圧力ログ，電磁ログで求めた船速は，船の周囲の海水に対して速力であり，対水速力といわれる。これに対して，海底に対しての速力は対地速力という。対水速力は，その時の潮流や海流を加減しなければ対地速力にならない。ドップラーソナーでは，浅い海域では両方の速力が得られる。

5.3　ドップラーログ，ドップラーソナーの原理

図1−8に示すように，ドップラーログは，音響測深機と同じく，船底部に装備された送受波器から船首方向及び船尾方向の斜め下方に音波を発射し，海底に反射して戻ってきた反射波を受信し，受信周波数のドップラー効果による

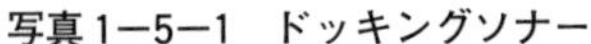
写真1―5―1　ドッキングソナー

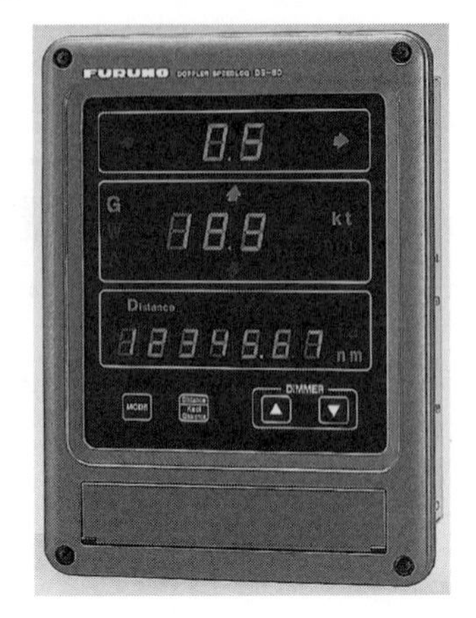

写真1―5―2　ドップラースピードログ

周波数の変化を利用して自船の速度を得る装置である。ドップラー効果とは，移動する物体（自船）から発射する音の周波数はそれが近づいてくるときは高くなり，遠ざかる時は低くなる効果をいう。

ドップラーソナーは，原理的にはドップラーログと同じであるが，ドップラーログが船速を表示する機能だけであるのに比べ，左右方向の船速及び水深も表示する機能を持たせた装置である。

5.4　ドップラーソナーの特長

① 水深が約150メートルより浅い水域では対地速力（動かない海底に対する速力），約150メートルより深い水域では対水速力（流れている水に対する速力）を測定できる。

② 低速，たとえば毎秒1 cm（0.02ノット）の速度でも計測できる。

③ 前進・後進，横方向の速度も測定できるので，大きな船が離着岸する際の有用な操船情報を入手できる。

④ ジャイロコンパスによる針路情報と組み合わせて，航跡としてレーダ画面上に表示することも可能である。

⑤ 走錨（錨が海底から外れて，船が錨泊状態ではなくなること）の検出にも有用である。

写真1-5-1に，浅い海域でも毎秒1cmの精度，対地速力は水深150メートルまで測定可能というドッキングソナー（ドップラーログであるが，大型船のドッキング（着岸）用に使用されるので，ドッキングソナーといわれる），写真1-5-2に前後・左右方向の速力情報をデジタルで表示するドップラースピードログを示す。

6　航海用レーダ，アルパ(ARPA)

6.1　レーダ，アルパの登場

レーダの開発は，電離層の高度測定に使われたことからはじまったといわれる。電波の反射を利用して夜の闇や霧などで目に見えない物体の位置を把握するという画期的なものだった。そのすばらしい性能のために第二次世界大戦までレーダ技術をめぐり競争が繰り広げられた。イギリスの技術を基礎にしてアメリカが飛躍的にそれを発達させた。

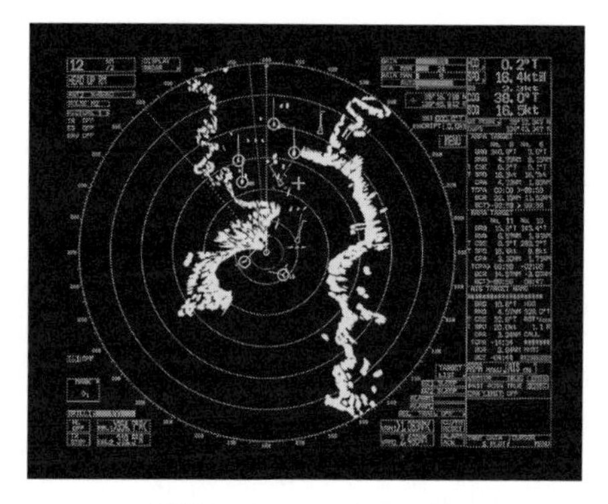

写真1−6　RADAR/ARPA

1930年代にアメリカ海軍は，Radio Detection And Ranging（電波による探知及び測距）の頭文字をとってRadar（レーダ）と名付けた。その後，性能は向上し，現在の大型船ではARPA(自動衝突予防援助装置)を付加したものが，RADAR/ARPAとして普及している。写真1-6に最新型の1つである，RADAR/ARPAの指示器を示す。後述するAIS（国際船舶自動識別装置）表示が重なっている。

6.2　レーダの原理

山までの距離を山びこで測るのは，音が戻ってくるまでの時間と音の速度が分かれば可能である。図 1－9－1，図 1－9－2 に示すように，レーダは，自船の全周を回転するアンテナから電波を発射し，他船や地物に当たって反射された電波を受信し，その間の時間を測定し，電波の等速性を利用することで，反射物までの距離を計算し，スコープ上に，受信した際のアンテナの方向に輝点を表示しようとするものである。使用される電波は，機能を良好に発揮するために高い周波数でパルス状の電波が用いられる。航海用レーダで使用される表示方式は，PPI（Plan Position Indicator）スコープといい，自船を中心として，常に自船の真上から廻りを見渡した円形の平面表示となっており，物標までの距離と方位が測定しやすくなっている。

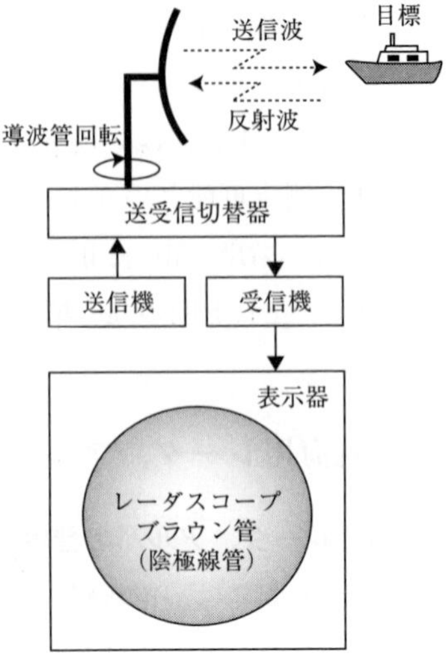

図 1—9—1　レーダの原理

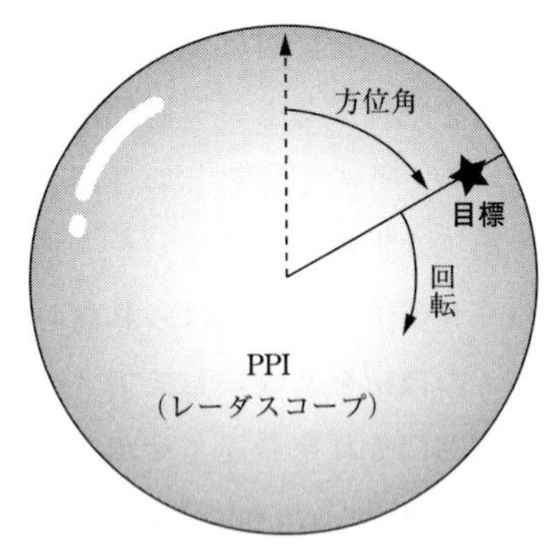

図 1—9—2　レーダの原理

6.2　性　　能

性能要目と，大型船で用いられる最新性能の概要は次のとおりである。

①最大探知距離

性能が向上し，アンテナの高さにもよるが，約 120 海里もある。

②最小探知距離

灯台もと暗しの灯光のごとく，レーダ電波は船の至近距離には届かない。アンテナの高さにもよるが，最低 10 メートル程度。

③距離分解能

同一方向にある，２つの物標がどのくらい離れていれば分離して判別できるかの限界で約 30 メートル。

④方位分解能

同一距離にある，２つの物標がどのくらい離れていれば分離して判別できるかの限界で，約１度以内。

6.3　映像の障害

①海面反射，雨雪（うせつ）反射

波，雨，雪の反射電波が映像を見にくくする障害で，調節機能がある。

②レーダ電波干渉

他船と自船のレーダ電波が干渉を起こし，映像を見難くする。

③死　　角

アンテナに死角があるとその範囲は，電波の送受信が不能で映像が入手できない。

④偽（ぎ）　　像（ぞう）

電波の多重反射，鏡反射などにより，偽像が生じる。

6.4　表示方式

他船や物標の運動と方位に関して２とおりの表示方法がある。一般に相対運動表示方式・真方位指示方式や真運動表示方式・真運動表示方式の組み合わせがよく用いられている。運動表示方式を模式的に図 1－10 に示す。

①相対運動表示方式

PPI 画面の中心が常に自船の位置となるよう表示され，他船などの物標は，その画面上で自船と他船や物標の相対運動が表示される。

②真運動表示方式

PPI 画面上で，自船，他船，物標も真運動で表示される。

③相対方位指示方式

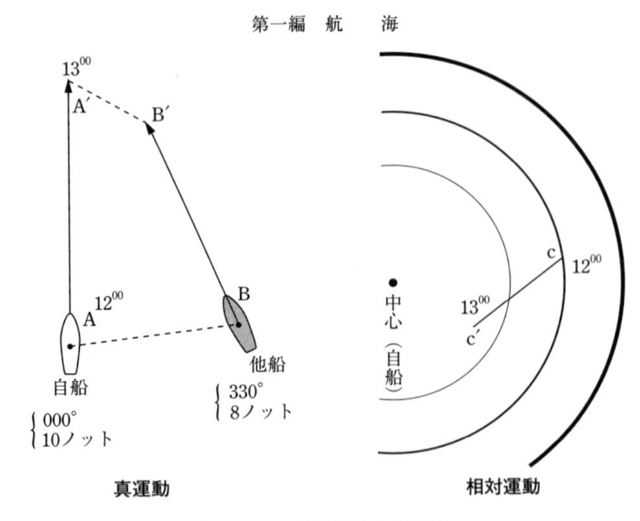

図1—10 真運動と相対運動

PPI画面上で自船の船首方向を真上（0度）にして表示される。

④真方位指示方式

PPI画面上で真北（0度）を真上にして表示される。

6.5 ARPAによって得られる情報と利点欠点

レーダによる他船との衝突予防は，他船などの位置をプロッティングすることによって，その将来位置を予測し，危険かどうか判定しなければならない。これらの作業をコンピュータで自動処理するのが，ARPA（アルパ：Automatic Radar Plotting Aid：自動衝突予防援助装置）である。ARPA性能，船舶自動識別情報表示機能およびレーダ性能は，IMO（国際海事機関）の基準を満足しなければならない。

(1) 得られる情報

①追尾中の目標の情報

現時点の他船までの方位・距離，予測される最接近距離，最接近までの所要時間，他船の真針路，目標の真速力

② 自船が避航したと考えた場合の周囲の運動状況が模擬表示され，シ

ミュレーション（試行操船）ができる。

③　航路線や種々の避険線（危険な海域に立ち入らない目印の船）が設定でき，操船が容易になる。

④　自動捕捉および手動捕捉いずれの場合においても20隻以上の他船を捕捉できる。

⑤　機器が故障したり，捕捉した他船が設定した危険範囲に入ってくるような場合には警報が鳴る。

⑵　利点と欠点

①　狭視界時や混雑している海域では，避航操船のための情報収集手段として強力な援助装置となる。

②　従来のレーダに比べ，人間が情報解析をしないでも，多くの情報を容易に得ることができ，操船者の負担が軽減される。

③　偽像,海面反射等の映像を他船と区別なく捕捉してしまうことがある。

7　オートパイロット（自動操舵(そうだ)装置）

オートパイロットは，20世紀中盤から大型船で使われはじめた。これにより，船橋における乗組員の作業負担の軽減，針路保持精度の向上，省燃費につながった。

7.1　原　　理

オートパイロットは，ジャイロコンパスなどの方位センサーから方位信号を受け，目的の針路で航行するように操舵を自動制御する装置である。

人力操舵においては，図1－11に示すように，

①　操舵手(そうだしゅ)がコンパスを見て針路が20度右にずれたことを知る。

②　操舵手が舵角を考えて10度左に舵をとる。

③　船首が左に動き所定の針路に戻りはじめる。

④　操舵手がそれをコンパスで見て舵を中央に戻す。

⑤　操舵手がこのままだと船首が所定の針路の左にずれてしまいそうだと

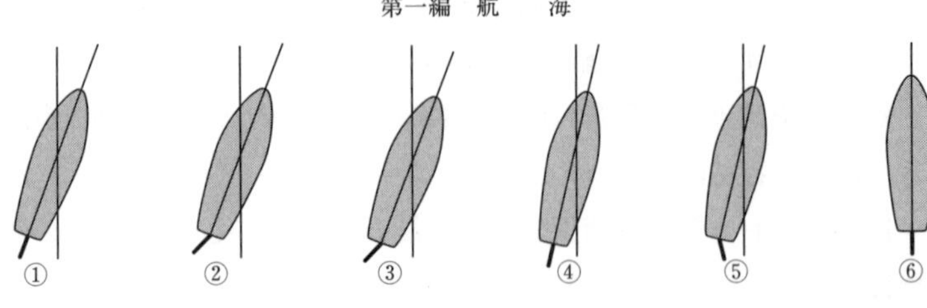

図1—11　針路保持のための操舵

写真1—7　オートパイロットスタンド

考え右に5度当舵（あてかじ，目標針路をこえて回頭しそうなときにそれを防ぐための操舵）をとり，すぐ舵を中央に戻す。

⑥　船首の動きが止まり，所定の針路に戻る。

という作業が繰り返される。この作業をオートパイロットは人力を介さず自動的に行う。操舵手の代わりに検出装置（ジャイロコンパスまたはマグネットコンパスによる針路偏角の検出を担当），調整装置（そのときの舵角，そのときの当舵の計算，そのときの状況に応じた舵角調整値を担当）および操作装置（舵を動かす操作を担当）がこれを行う。方位センサーとして，ジャイロコンパスとマグネットコンパスが使用されている。写真1-7にオートパイロットスタンドを示す。

7.2　調　　整

①天候調整

大きなうねりや荒天の際は，ヨーイング（たとえば，船首が左に振れ，戻り，右に揺れ，戻りを連続的に繰り返す）する。天候調整は，すべての細かい偏角に対応せず，一定角以上の偏角で操舵するように調整する。

②当舵（あてかじ）調整

当舵（目標針路を超えて回頭しそうなときにそれを防ぐための操舵）の大き

さはその船の舵効きや，喫水の状態によって変わるので，その状況に応じて調整する。

③舵角(だかく)調整

舵角の大きさはその船の舵効きや喫水の状態によって変わるので，その航海状況に応じて調整する。

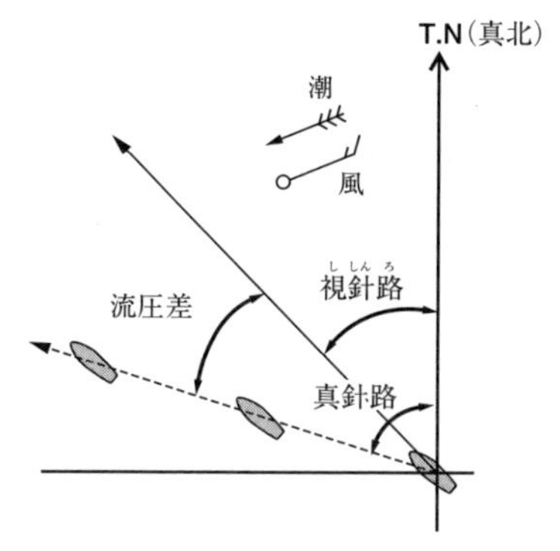

図1―12　視針路と真針路

7.3　オートパイロットの取扱い

①　方位センサーがマグネットコンパスの場合は自差・偏差の修正計算を行う。

②　そのときの状況により適切に，舵角，当舵，天候の調整を行う必要がある。

③　図1－12に示すように設定針路を保守する機能はあるが，潮流・風浪の影響による針路のずれを修正する機能は一般にはない。

④　単独当直（船橋1人当直）の場合で，オートパイロット使用が居眠り海難の大きな要因となっていることを十分認識して取り扱う必要がある。

8　衛星航法装置（GPS）

GPSとは，Global Positioning Systemの略で，一言でいえば人工衛星を使って地上での位置を正確に求めるシステムである。米国で軍事目的のために開発されたシステムであるが，20世紀末に一般の運用が開始され，航海学における測位技術の歴史的な変革となった。最近，メインテナンスフリーで，静定時間もジャイロコンパスに比べて短い，「GPSコンパス」（サテライトコンパス）も登場した。

8.1　測位原理

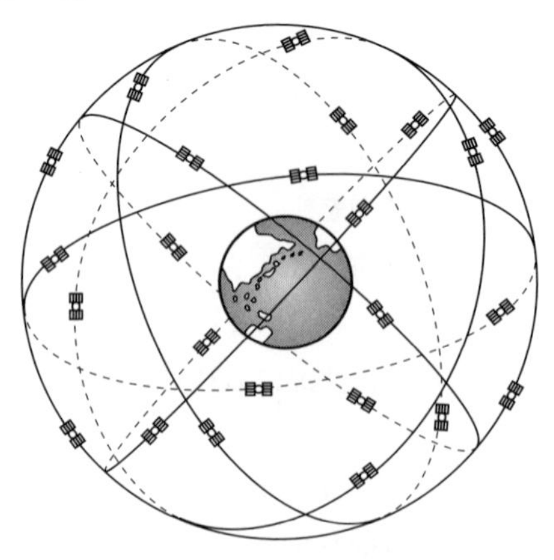

図1－13　GPS衛星

図1-13に示すように，地球の周りに人工衛星が，6つの軌道面に4個ずつ合計24個のGPS衛星（NAVSTARと呼ばれ，非常に正確な時計搭載，質量862.6 kg，高度約2万Km，周期12時間）が配置されている。毎日同じ時刻に同じ衛星が通過するように配置され，地球上のどの地点からも常に7ないし8個の衛星が見えるようになっている。GPS衛星から特定の周波数で電波が送信され，この電波をGPS受信器で受信し，衛星から発射された時刻と自分が受信した時刻との時間差を計測する。その時間差に電波の伝播速度を乗ずれば，衛星から自船までの距離が分かる。衛星からは，軌道の正確な情報が送られてくるので，そのときの衛星の位置は正確に知ることができる。したがって,衛星からの距離が分かれば,自船は衛星を中心として求めた距離を半径とする地球表面上の距離円のどこかにいることが分かり，図1-14に示すようにGPS衛星S_1, S_2, S_3からの距離円の交点としての位置が求められる。

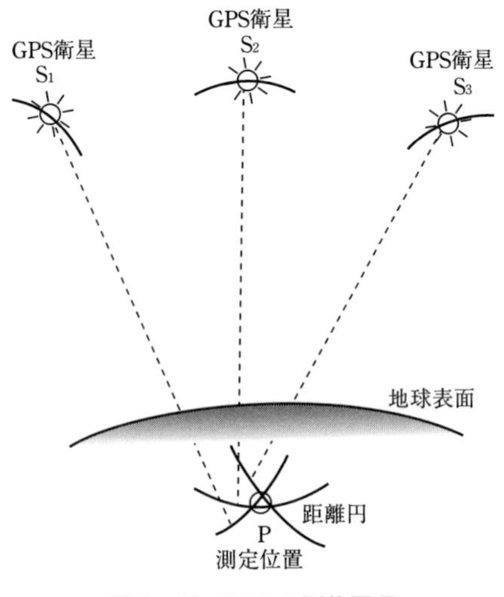

図1－14　GPSの測位原理

8.2　DGPS（Differential GPS）

1台は基地局（陸上），2台目は移動局（船）の合計2台のGPS受信機を使って同時にGPS測位をする。基地局の既知の位置とGPS測位の誤差を求める。この誤差情報を移動局に送って，移動局のより正確な位置を知ることができる。この場合の精度は，通常のGPSの精度は10数m程度に対し，５m程度になるといわれている。また，基地局と移動局が近いほど精度は上がる。

9　AIS（Automatic Identification System：国際船舶自動識別装置）

9.1　AISとは

AISとは，船名，識別符号，位置，針路，船速，行先などの船舶のデータを自動的にVHF電波で送受信し，周辺船舶の動静を把握するための装置である。データは自船速度とデータ種類に応じて，2秒から6分毎に送信される。レーダでは識別できない島影の少し離れた船舶をも識別できるなど，危険回避，航海の効率化に貢献している。SOLAS条約（海上における人命の安全のための国際条約）の改正により，2002年（平成14年）7月から2008年（平成20年）7月までに，船舶の種別に応じ順次搭載が義務づけられている。AISによる他船情報は，RADAR/ARPA画面や後に説明するECDISの海図画面上にも重復表示され，他船動静の早期確認による衝突回避，海上交通管制などによる安全航行に寄与している。写真1−8に最新型の１つを示す。

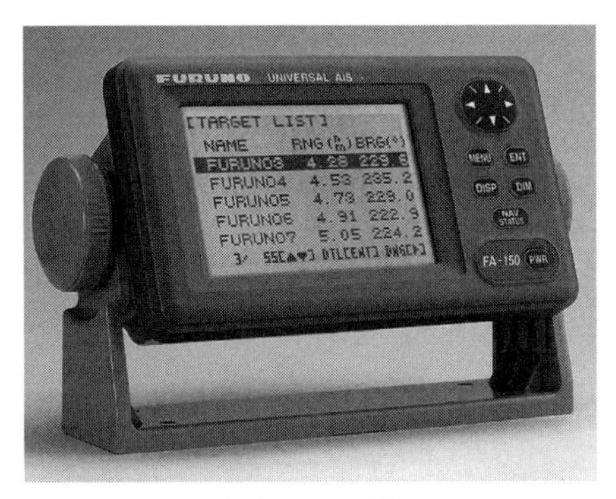

写真１−８　AIS

9.2　送受信される主な情報

①動的情報

緯度・経度，対地針路，対地速力，協定世界時，船首方位，回頭（かいとう）角速度

②静的情報

MMSI番号（海上移動業務識別番号），呼出符号と船名，船舶の種類，IMO番号，測位装置アンテナの位置，船体長と船幅

③航海関連情報

船舶の喫水，積載危険物の種類，目的地と目的地到着予想日・予想時刻

10　ECDIS（エクディス：Electronic Chart Display and Information System：電子海図表示システム）

10.1　ECDIS の登場

航海に重要な海図についても，従来の紙海図と同等の情報量に加え，種々の情報を重ねて表示できる電子海図表示システムが実現した。21 世紀初頭から，単能器であった航海計器の種々の情報をまとめて航海者に提供する総合航海システムの第一歩として，21 世紀初頭から使用されだした。写真 1−9 に最新型の 1 つを示す。

10.2　ECDIS の機能

① CRT 画面上に海図情報を表示する。

海図の自動巻き上げ（スクロール），拡大・縮小，必要海図の自動ロードを行う。海上保安庁海洋情報部では，ECDIS に対応するために，国際水路機関によって定められたデジタル海図の標準フォーマットに従った「航海用電子海図」やその最新維持情報を CD−ROM に格納し，提

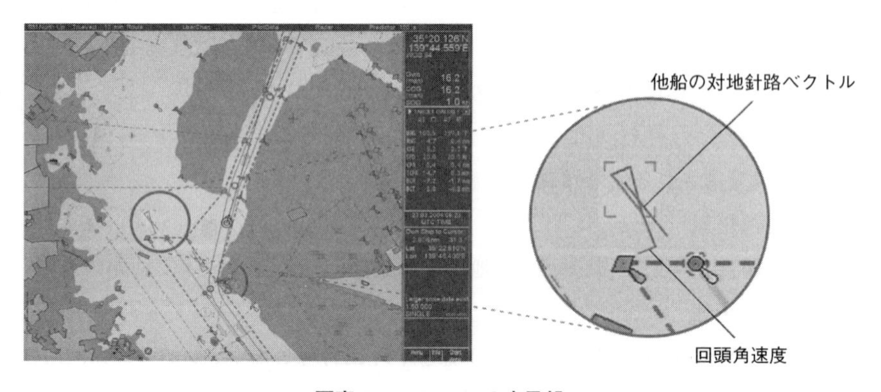

写真 1—9　ECDIS の表示部

供している。

② 自船位置を海図が表示されたCRT画面上に表示する。

③ レーダ／ARPA映像・情報，AIS情報，予定航路などを重ねて表示し，危険な浅瀬などに近づいた際は警報を発する。

④ その他，表示内容の選択，表示内容の拡大・縮小，航海記録を自動的に行う他，船橋の明るさに合わせた画面表示ができるようになっている画期的なシステムである。

写真1－9の右部分は，AISの情報表示の拡大で，他船の対地針路ベクトルや回頭角速度までもが表示されることを示す。

11　総合航海援助システム

11.1　総合航海援助システムの登場

ECDISの機能をシステムとしてさらに向上させ，人間に多くの航海情報を与えるためのものである。INS（集中航海設備：Integrated Navigation System）からIBS（集中船橋設備：Integrated Bridge System）へ，そして航海監視システム，耐航性監視システム，機関運転監視システム，防災監視システム等を船橋に統合したWKS（統合見張りシステム：Watch Keeping System）と進化しつつある。写真1－10に最新型，図1－15にその系統図を示す。系統図を見れば，今までの

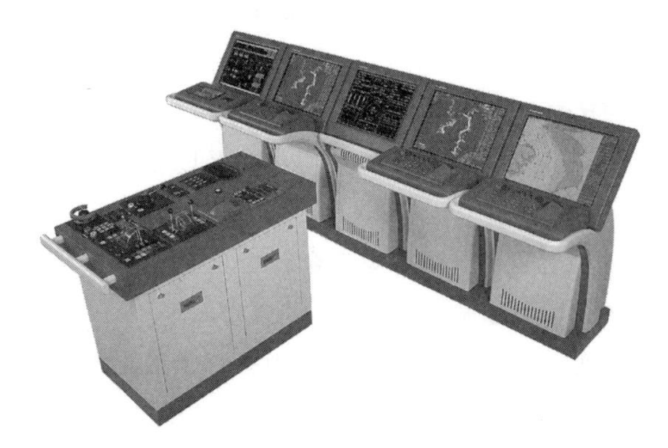

写真1－10　総合航海援助システム

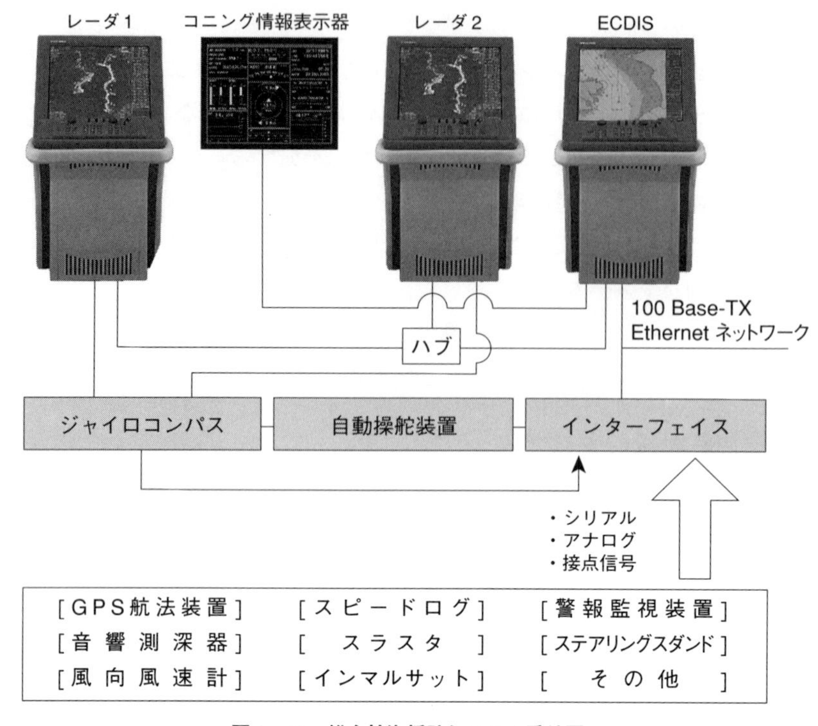

図1—15　総合航海援助システム系統図

単能機の集合がシステム化されていることがよく分かる。

11.2　総合航海援助システムの機能

ECDISの機能からシステムとして，さらに向上した機能は次のとおりである。

① ECDISと自動操舵装置の組み合わせで実現した，トラックコントロールシステム（航跡制御システム）機能がある。

② 目的地，変針点を考慮した航路計画をECDIS上で作成・表示する機能や，あらかじめ登録した，注意点や危険エリア情報をその付近で表示させる機能がある。例えば，電子海図上のマークにカーソルを合わせる

と，選択したブイや燈台，沈船などの水路書誌情報がデータセルに表示される。

③　第四編「安全」で説明する，国際 VHF 無線電話装置，ナブテックス受信機，EGC プリンタ，インマルサット遭難警報発呼器など，GMDSS 通信装置を組込むことができる機能がある。

第2章　航路標識

古代ギリシャ時代，紀元前280年頃，地中海はアレキサンドリアのファロス島に沿岸を航行する船舶の指標とするための航路標識として高さ60メートルの灯台があったといわれている。

現代の日本では，航路標識法において航路標識は，「灯光，形象，彩色，音響，電波などの手段により港，湾，海峡その他の日本国の沿岸水域を航行する船舶の指標とするための灯台，灯標，立標，浮標，霧信号所，無線方位信号所その他の施設をいう。」と定められている。国際的な統一は，20世紀後半にIALA（国際航路標識協会）海上浮標式によってなされた。

航路標識の種類は，次のとおりであり，多種多様であるが，光波標識の代表的なものについて説明する。

① 光波（こうは）標識（光・形・色を利用した灯台，港の灯浮標など）
② 音波標識（霧がかかった時に音で位置を知らせる。霧信号所など）
③ 電波標識（ロランC，DGPS，無線方位信号所など）
④ その他の標識（文字などを利用したもの。船舶通航信号所，潮流信号所など）

1　光波標識

光波標識の代表的なものは次のとおりである。

1.1　灯台，灯柱（とうちゅう）

灯光を発して構造が塔状のものを灯台，同じく柱状のものを灯柱という。陸上の灯台は通常白色の塗装がしてあるが，雪国や弧島の灯台では見やすくするために白赤や白黒に塗り分けられたものがある。また，港の防波堤に設置される灯台は，港の奥に向かって左側は白色，右側は赤色に塗装され，光の色は港の奥に向かって左側は緑光，右側は赤色となっている。灯台，灯柱の設置場所は次のとおりである。

① 船舶が陸地や自船の位置を確認するときの目標とするために，岬や沿岸の顕著な場所

② 港湾の所在，港口などを示すために港湾または港湾周辺

1.2 灯浮標（とうふひょう），浮標

船に危険な浅瀬などや航路を示すために，海底の定位置におもりによってつながれていて海面上に浮く構造物で，灯光を発するものを灯浮標といい，灯光を発しないものを浮標という。たとえば，船が入港しようする際，防波堤入り口前から航路があったとすると，左側に緑色に塗色された左舷浮標（夜間の灯色も緑色）が見える。その状況が意味するものは，その浮標（ブイ）より左は航路の外で，水深が浅いということである。右側には赤色に塗色された右舷浮標（灯色も赤色）が見え，その浮標（ブイ）より右は航路の外であることを示している。しばらくすると，防波堤灯台がはっきり見えるようになるが，左側に緑色の光，右側からは赤色の光であれば防波堤入り口の中間を航行していることになる。写真1−11にブイ（浮標）と灯台を示す。

写真1−11　ブイと灯台

航路標識の灯光の色や光り方は，付近の航路標識と誤認するものであってはならない。この光り方を灯質という。主なものは本章末の「灯質（図解）」のとおりである。

2　灯台の光達距離

灯台などの光がどこまで届くかについては，地理学的光達距離（光の減衰を考えないで，地球の曲率，大気による光の屈折，灯高及び眼高の4要素により決まる）と光学的光達距離（灯火の光度，大気の透過率，観測者の目における照度により決まる）がある。海図には，光学的光達距離と地理的光達距離のうち小さい方の数値が記載されている。

地理学的光達距離は次式によって簡単に計算できる。

$$D = 2.083\ (\sqrt{H} + \sqrt{h})$$

D：地理的光達距離（海里）

H：灯高（メートル）　h：眼高（メートル）

灯質（図解）

種　別	定　義	略記	例示		
			呼　称	略　記	図　解
不動光 Fixed	一定の光度を維持し、暗間のないもの	F	不動白光	F W	
明暗光 Occulting	一定の光度を持つ光を一定の間隔で発し、明間又は明間の和が暗間又は暗間の和よりも長いもの				
単明暗光 Single Occulting	1周期内に一つの明間を持つ明暗光	Oc	単明暗白光 明６秒　暗２秒	Oc W 8s	 8sec
群明暗光 Group Occulting	1周期内に複数の明間を持つ明暗光	Oc	群明暗白光 明6秒　暗1秒 明2秒　暗1秒	Oc （２）W　10s	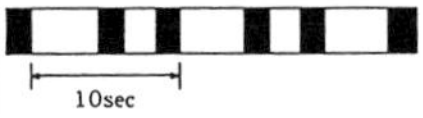 10sec
等明暗光 Isophase	一定の光度を持つ光を一定の間隔で発し、明間と暗間の長さが同一のもの	Iso	等明暗白光 明5秒　暗5秒	Iso W 10s	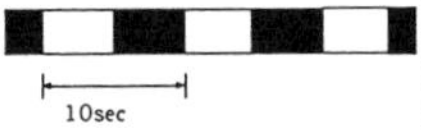 10sec
閃　光 Flashing	一定の光度を持つ1分間に50回未満の割合の光を一定の間隔で発し、明間又は明間の和が暗間又は暗間の和より短いもの				
単閃光 Single Flashing	1周期内に一つの明間を持つ閃光	Fl	単閃赤光 毎10秒に1閃光	Fl R 10s	 10sec
群閃光 Group Flashing	1周期内に複数の明間を持つ閃光	Fl	群閃赤光 毎12秒に3閃光	Fl （3）R 12s	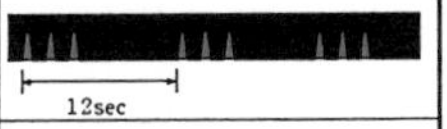 12sec
複合群閃光 Composite Group Flashing	1周期内に二つの群閃光又は群閃光と単閃光の組合せを持つ閃光	Fl	複合群閃赤光 毎7秒に2閃光と1閃光	Fl (2+1) R 7s	 7sec
長閃光 Long Flashing	1周期内に2秒の長さの一つの明間をもつ閃光	L Fl	長閃白光 毎10秒に1長閃光	L Fl W 10s	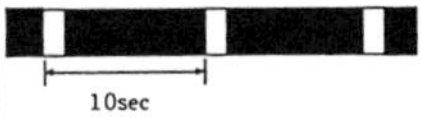 10sec
急閃光 Quick	一定の光度を持つ1分間に50回の割合の光を一定の間隔で発し、明間の和が暗間の和より短いもの				
連続急閃光 Continuous Quick	連続する急閃光	Q	連続急閃白光	Q W	
群急閃光 Group Quick	1周期内に複数の明間を持つ急閃光	Q	群急閃白光 毎10秒に3急閃光	Q (3) W 10s	 10sec
			群急閃白光 毎15秒に6急閃光と1長閃光	Q (6)+L Fl W 15s	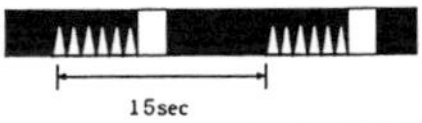 15sec

種　別	定　義	略記	例示		
			呼　称	略　記	図　解
超急閃光 Very Quick Flashing	一定の光度を持つ1分間に80回～160回の割合の光を一定の間隔で発するもの	V Q			
連続超急閃光 Continuous Very Quick Flashing	連続する超急閃光	V Q	連続超急閃白光	V Q W	
群超急閃光 Group Very Quick Flashing	1周期内に複数の明間をもつ超急閃光	V Q	群超急閃白光 毎10秒に6超急閃光と1長閃光	V Q (6) + L Fl W 10s	10sec
モールス符号光 Morse Code	モールス符号の光を発するもの	Mo	モールス符号白光 毎8秒にA	Mo (A) W 8s	8sec
連成不動光 Fixed and Flashing	不動光中に、より明るい光を発するもの				
連成不動単閃光 Fixed and Flashing	不動光中に、単閃光を発するもの	F Fl	連成不動単閃白光 毎10秒に1閃光	F Fl W 10s	10sec
連成不動群閃光 Fixed and Group Flashing	不動光中に、群閃光を発するもの	F Fl	連成不動群閃白光 毎10秒に2閃光	F Fl (2) W 10s	10sec
互　光 Alternating	それぞれ一定の光度を持つる異色の光を交互に発するもの				
不動互光 Fixed Alternating	暗間のない互光	Al	不動白赤互光 白5秒　赤5秒	Al W R 10s	10sec
単閃互光 Alternating Flashing	1周期内の二つの単閃光が互光となるもの	Al Fl	単閃白赤互光 毎10秒に2閃光	Al Fl W R 10s	10sec
群閃互光 Alternating Group Flashing	1周期内の群閃光の各閃光が互光となるもの	Al Fl	群閃白赤互光 毎15秒に2閃光	Al Fl (2) W R 15s	15sec
複合群閃互光 Alternating Composite Group Flashing	1周期内の複合群閃光の各群閃光又は群閃光と単閃光が互光となるもの	Al Fl	複合群閃白赤互光 毎20秒に白2閃光と赤1閃光	Al Fl (2+1) W R 20s	20sec

注記：略記中のW,R,G,Yは、灯色を示し、それぞれ白、赤、緑及び黄色を示している。

第3章　水路図誌

水路図誌とは，水路業務法により，海上交通の安全の確保に寄与するために水路測量・観測の成果を編集した，海図，水路誌，潮汐表，灯台表，航海用諸暦及びその他の水路に関する図誌をいう。図誌の種類の詳細は，水路図誌目録（水路図誌カタログ）に記載されている。

1　海　　図（チャート：chart）

1.1　海図の種類

①総　　図

航海計画立案用に用いるために，広大な海域を収めたもので，1／400万よりも小縮尺のものをいう。

②航洋図（こうようず）

長途の航海に用いられ，沖合の水深，主要灯台の位置などが図示してあり，縮尺1／100万～1／400万のものをいう。

③航海用海図

近海を航行するときに用いられるために，安全航海に必要な情報（水深，浅瀬，灯台などの航路標識，陸上物標など）を記載した，船位が陸地の目標物により，決定できるように示した図で，縮尺は，1／30万～1／100万となっている。

④海 岸 図

沿岸域を航行するときに使用するため，海岸付近の地形，水深，目標物など詳しく示した図で，縮尺は，1／5万～1／30万となっている。

⑤港泊図（こうはくず）

港湾に入港，出港，停泊するときに使用するため，港湾の水深，地形，施設などの状況を詳しく示した図で，縮尺は，1／3千～1／5万となっている。

⑥特 殊 図

航海の際に参考にする潮流図，大圏図などがある。

⑦電子海図

前述したように，従来の紙海図に加えて，近年はディスプレイ上にこれらの情報を表示させることのできる電子海図表示装置（ECDIS）も使用されるようになってきた。この電子海図表示装置に航海用電子海図（ENC）とよばれる海図データを読み込ませる。さらに航海用電子海図の内容を最新の情報に更新するための電子水路通報も刊行されている。

1.2 漸長図（メルカトール図）

水路図誌としての海図のほとんどは，漸長図である。地球は，球に近い回転楕円体で，その表面を航海する船の針路線を平面の海図に直線で，簡単に描きたいということから，漸長図が考案された。オランダのメルカトールが14世紀後半に漸長図法を考案し，大航海時代の航海を支えた。メルカトール図法を簡単にイメ－ジすると，図1－16に示すように，赤道で接するようにして地球に円筒をすっぽりかぶせ，地球中心を投影中心としてこの円筒面に投影する正角図法である。低緯度から中緯度地域を図化するときによく用いられる。この図上で2点間を結ぶ直線は針路が一定の線に相当するため，海図や

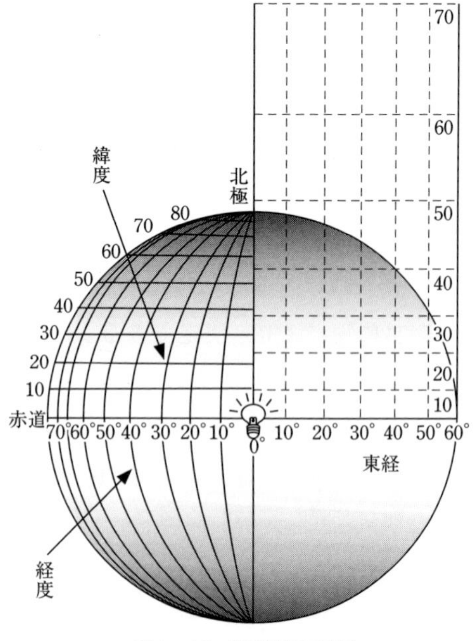

図1—16　漸長図の原理

航空図によく利用されている。この図法によって，海図が急速に進歩した。

漸長図には，次の特徴がある。

① 針路が一定の航程の線は直線表示となる。

② 航程線と子午線のなす角が正しく投影される。

③ 緯度線，経度線は直線で互いに直交する。

④ 緯度線の間隔は高緯度ほど大きい。

1.3 大圏図（たいけんず）

丸い地球儀上の2地点を細い糸でピンと結ぶと，球面上の糸の線が大圏（地球の中心を通るようにすぱっと切った時の切り口の円）となり，最短距離の経路を表す。地球上の2地点間の最短距離となる大圏航路を求めるためのもので，心射図法で作成されている。図1−18（次頁）に示すようにこの図上で求めた位置を漸長図に転記することにより，2地点間の大圏航路上の針路が求められる。心射図法とは，図1−17に示すように，地球の中心に光源を置いて任意の一点に接する平面に投影する図法である。この図法による地図上においては，任意の2点間を結ぶ直線が大圏となる。

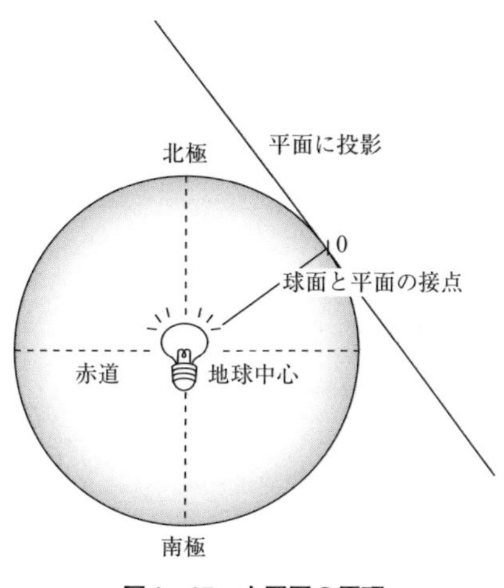

図1−17　大圏図の原理

1.4 海図図式（かいずずしき）

海図図式とは，海図に記入してある種々の記号，符号，略語などを意味する。

水路図誌の特殊図6011号で，その説明がなされている。本書ではその主要部分を説明する。

① 水深は基本水準面（最低面）から海底までの距離（メートル）で表示し

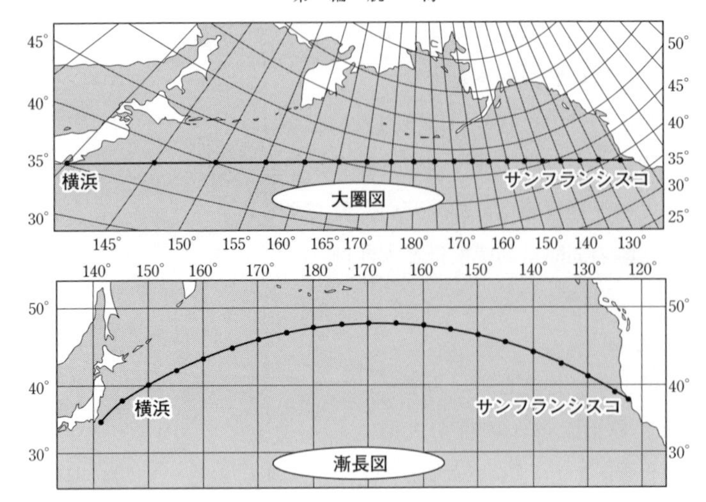

図1—18　大圏図と漸長図

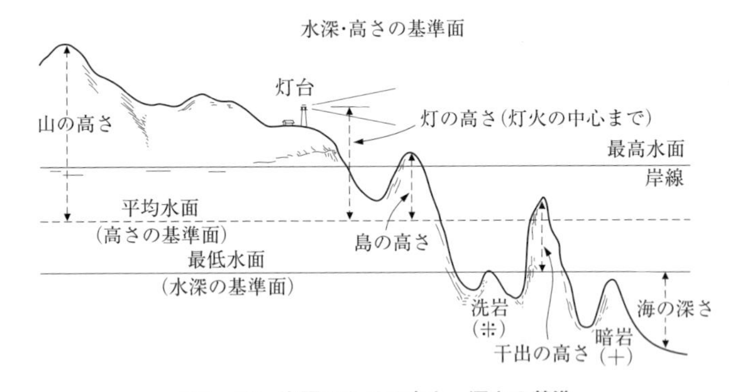

図1—19　海図における高さ，深さの基準

てある。最も浅くなった時の値であるので通常はこれより深い。

② 底質（ていしつ）は水深の数字の下にその地点の海底の質が略語で記入されている。たとえば，S（Sand，砂を意味する），M（Mud，泥を意味する）

③ 岸線（がんせん）は，基本水準面における水と陸との境界線が描かれている。

④ 等深線（とうしんせん）は，2メートルが点線，5メートルが破線，10メートルが1点破線，20メートルが2点破線で描かれている。

⑤　物標の高さは，平均水面（最高水面と最低水面とを平均した水面）からの高さがメートルで記載されている。

図1－19に海図における高さ，深さの基準を紹介する。また，巻末資料「海図図式（抜すい）」にて主なものを紹介する。

2　水路書誌（すいろしょし）の種類など

水路書誌には次のものがある。

①水路誌（Sailing Directions）

水路の指導案内書で，海上の諸現象，航路の状況，沿岸や港湾の地形，航路標識，航路と港湾に関する法規などを詳述して，海図と共に航海停泊の参考とするための書誌である。

②航路誌（Passage Pilot）

航路選定の参考として使われるもので，大洋航路誌と近海航路誌とがあり，それぞれ世界の主要航路や我国近海航路について述べられている。

③水路図誌目録（Catalogue of Charts and Publications）

水路部刊行の海図，水路書誌を購入する際に便利なようにその索引として目録されたものである。

④潮汐表（ちょうせきひょう）（Tide Tables）

航海者が各地における潮流や潮汐の情報を入手することができるように編集されたもの。精度は潮時で20～30分以内，潮高で0.3 m以内である。

⑤灯台表（List of Aids to Navigation）

灯台の名称，位置，灯質，周期，灯高，光達距離，構造などが編述されている。

⑥天測暦（てんそくれき）（Nautical Almanac）

天文航法を使用した船位決定に必要な天体の位置情報が掲載されている。

海図図式（抜すい）

ここでは主なものを抜すいした。詳細は、海上保安庁発行海図図式第6011号を参照。

灯　Lights

記号	名称	English
★ ★	灯の位置	*Position of light*
Lt	灯	*Light*
Lt Ho	灯　台	*Lighthouse*
★Aero	航空灯台	*Aeronautical light*
★Bn	灯　標	*Light beacon*
Lt V ※	灯　船	*Light vessel, Lightship*
271°.3 Ldg Lts	導　灯	*Leading lights*
Dir	指向灯	*Directional light*
(tidal)	潮汐信号灯	*Tidal light*
(lit)	照明灯	*Floodlit*
F	不動光	*Fixed light*
Oc ※Occ	単明暗光	*Single occulting light*
Fl	単閃光	*Single flashing light*

記号	名称	English
Iso	等明暗光	*Isophase light*
Q ※Qk Fl	連続急閃光	*Continuous quick flashing light*
IQ ※IQk Fl	断続急閃光	*Interrupted quick flashing light*
Al WR ※Alt	不動互光	*Alternating light*
Al Oc ※Alt Occ	明暗互光	*Alternating occulting light*
Al Fl ※Alt Fl	単閃互光	*Alternating flashing light*
Al Fl (3) ※Alt Gp Fl	群閃互光	*Alternating group flashing light*
Oc (2) ※Gp Occ	群明暗光	*Group occulting light*
Fl (3) ※Gp Fl	群閃光	*Group flashing light*
S-L Fl	短長閃光	*Short-long flashing light*
F Oc ※F Occ	連成不動明暗光	*Fixed and occulting light*
F Fl	連成不動単閃光	*Fixed and flashing light*
F Fl (3) ※F Gp Fl	連成不動群閃光	*Fixed and group flashing light*
Mo (A)	モールス符号光	*Morse code light*

浮標及び立標　Buoys and Beacons

記号	名称	English
※	灯浮標	*Light buoy*
Bell	打鐘浮標	*Bell buoy*
Gong	ゴング浮標	*Gong buoy*
Whis	ホイッスル浮標	*Whistle buoy*
※	やぐら形浮標	*Pillar buoy*
※ (Float)	灯船（ライト・フロート）	*Light float*

記号	名称	English
※ BW	水路中央浮標	*Mid-channel buoy*
※ R	右舷浮標	*Starboard hand buoy*
※ B	左舷浮標	*Port hand buoy*
※ BW	州の下端浮標	*Bifurcation buoy*
※ RW	州の上端浮標	*Junction buoy*
※ RB	孤立障害浮標	*Isolated danger buoy*
G	沈船浮標	*Wreck buoy*
	係船浮標	*Mooring buoy*
	電信設備付係船浮標	*Mooring buoy with telegraphic communications*

1. 浮標・立標の位置は底線中央の小円で示す。
2. 左舷(右舷)浮標とは、河口又は海口から水源に向かって上る船の左方(右方)に設置されているものをいう。
3. 浮標・立標の形状には種々のものがあり、場合によっては上の記号によらないことがある。

注　括弧を付けた文字は国際水路機関の記号・略語基準表に項目のないことを示す。
　　※符を付けたものは旧の記号・略語である。

IALA　海上浮標式　　IALA Maritime Buoyage System

本浮標式は、灯台、指向灯、導灯、導標、灯船及び大型航行用浮標を除く、すべての固定及び浮き標識に適用する。なお、沈船を示すための特別の定めはない。
側面標識が異なるA（左舷側赤）及びB（右舷側赤）の二つの国際浮標式地域がある。

昼　標　UNLIT MARKS	夜　標　LIGHTED MARKS

側面標識　一般に範囲が定まっている水路の限界を示す。
Lateral Marks,　generally marking the limits of well defined channels.

この記号は水源の方向のはっきりしない所でその方向を示すために用いる。
大きさ及び方向は場所によって適宜とする。

B地域（右舷側赤）　　Used in Region B (Red to Starboard)

左舷標識　*Port Hand Marks*

塗色・緑
Colour: green

頭標・円筒形（付ける場合）
Topmark (if any): can

Fl G　Fl(2)G　等 etc.

灯色・緑
Light: green

リズム・任意（ただし、Fl(2+1)を除く）
Rhythm: any (other than Fl(2+1))

右舷標識　*Starboard Hand Marks*

塗色・赤
Colour: red

頭標・円すい形（付ける場合）
Topmark (if any): cone

Fl R　Fl(2)R　等 etc.

灯色・赤
Light: red

リズム・任意（ただし、Fl(2+1)を除く）
Rhythm: any (other than Fl(2+1))

右航路優先標識　*Marks indicating Preferred Channel to Starboard*

標体の塗色・緑地に赤色横帯
Body: green with red horizontal band

頭標・緑色円筒形（付ける場合）
Topmark (if any): green can

Fl(2+1)G　Fl(2+1)G　Fl(2+1)G

灯色・緑
Light: green

左航路優先標識　*Marks indicating Preferred Channel to Port*

標体の塗色・赤地に緑色横帯
Body: red with green horizontal band

頭標・赤色円すい形（付ける場合）
Topmark (if any): red cone

Fl(2+1)R　Fl(2+1)R　Fl(2+1)R

灯色・赤
Light: red

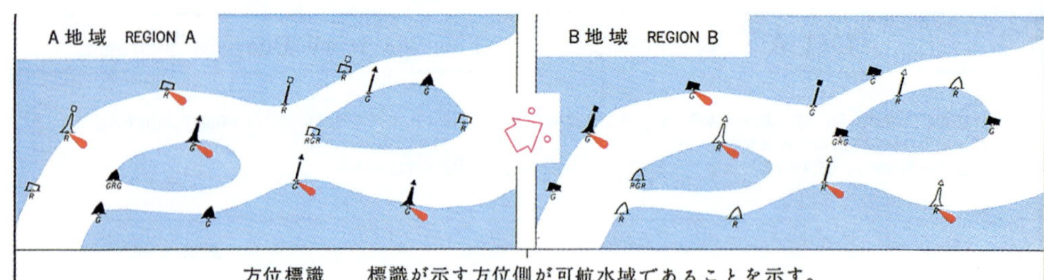

方位標識　　標識が示す方位側が可航水域であることを示す。

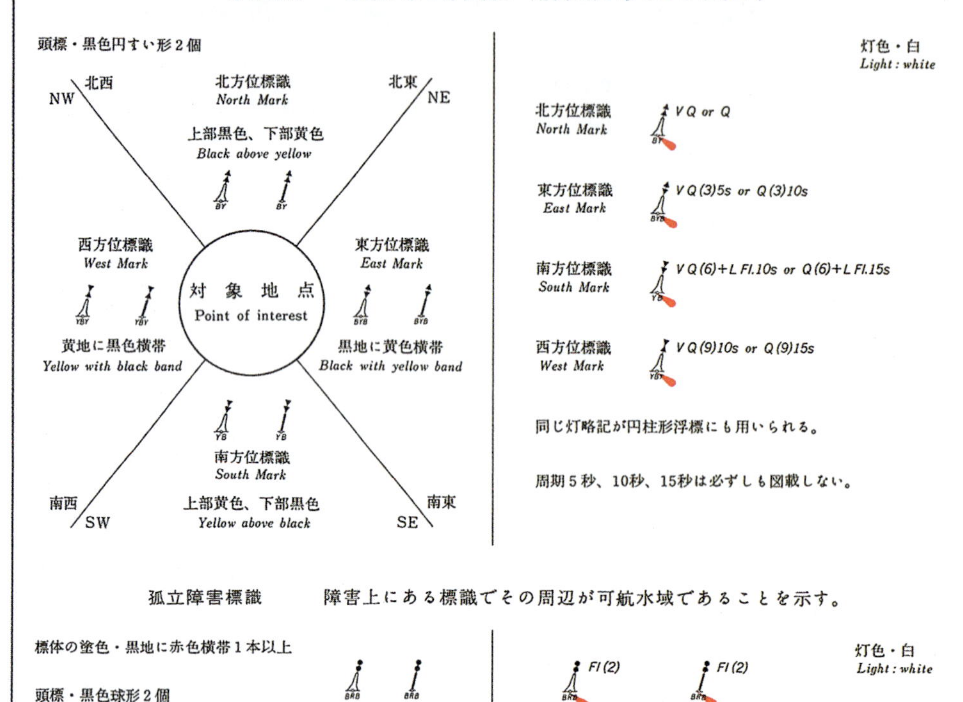

孤立障害標識　　障害上にある標識でその周辺が可航水域であることを示す。

標体の塗色・黒地に赤色横帯1本以上

頭標・黒色球形2個

BRB　Fl (2)

灯色・白
Light : white

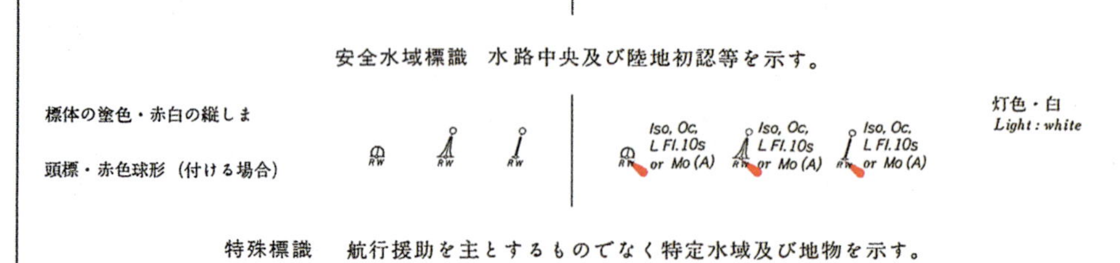

特殊標識　航行援助を主とするものでなく特定水域及び地物を示す。

標体の塗色・黄　形状・任意

頭標・黄色X形（付ける場合）

Y

等
etc.

Fl Y

Fl (5) Y

灯色・黄
Light:yellow

等
etc.

リズム・任意（ただし、方位標識、孤立障害標識、安全水域標識に使用のものを除く）

無線局及びレーダ局　Radio and Radar Stations

記号	名称	Name
※ RBn	無線標識局	*Radiobeacon*
RC	無指向性式無線標識局	*Circular radiobeacon*
RD (RD 300°)	指向性式無線標識局、コースビーコン	*Directional radiobeacon, Radio range, Coursebeacon*
RW	指向性回転式無線標識局	*Rotating loop radiobeacon*
RG	無線方向探知局	*Radio direction finding station*
※ Ra	レーダ局（船舶に方位距離を通知できないもの）	
Ra	レーダ局（船舶に方位距離を通知できるもの）	
Racon	レーダビーコン（レーコン）	*Radar beacon (Racon)*
	レーダ反射器	*Radar reflector*
Ramark	レーマーク	*Ramark*
Aero RC / ※Aero R Bn	航空無線標識局	*Aeronautical radiobeacon*
Fl(2)15s 32m 17M RC	灯台に併置して無線局があることを示す	

霧　信　号　Fog Signals

記号	名称	Name
※Fog Sig	霧信号所	*Fog signal station*
※R Fog Sig	無線霧信号所	*Radio fog-signal station*
Horn	霧ホーン	*Fog horn*
Bell	霧　鐘	*Fog bell*
Gong	霧ゴング	*Fog gong*

霧信号略記の記載順序は種類、吹鳴回数、周期である

例 *e.g.*　Horn (2) 30s（種類　吹鳴回数　周期）

危　険　物　Dangers

記号	名称	Name
(4)　◎(3)	水上岩	*Rock which does not cover*
(3)　◎(3) ✱(3)　※ ◎干出1₂m	干出岩（点線で囲んだものはその存在を目立たせたもの）	*Rock which covers and uncovers*
✱	洗　岩（最低水面時に洗う）（点線で囲んだものはその存在を目立たせたもの）	*Rock awash at the level of chart datum*
+	暗　岩（航行に危険なもの）（点線で囲んだものはその存在を目立たせたもの）	*Sunken rock, dangerous to surface navigation*
(5) R　+(5)	浅い孤立岩上の水深	*Shoal sounding on isolated rock*
26 R	暗　岩（航行に危険のないもの）	*Sunken rock, not dangerous to surface navigation*
(20) R	礁上の水深を掃海で確認したもの	*Depth on rock confirmed by wire drag*
(17) R 15　○ 15	掃海済みの危険物	*Sunken danger with depth cleared by wire drag*
Vol	海底火山	*Submarine volcano*
SMt	海　山	*Seamount*
○変色水　Discol Water	変色水	*Discoloured water*
◎Co　Co	さんご礁	*Coral reef*
Wk　※	船体の一部を露出した沈船（大縮尺図ではその概略の形を示す）	*Wreck showing any portion of hull or superstructure*
Mast　Mast Wk	マストだけを露出した沈船（大縮尺図ではその概略の形を示す）	*Wreck of which the masts only are visible*

(15) Wk	水深が不明確な未測沈船であるが、示された水深は安全限界を考慮している
Wk	危険全没沈船（沈船上の水深30m以浅） *Sunken wreck, dangerous to surface navigation* （大縮尺図ではその概略の形を示す）
(15) Wk	沈船上の水深が明確なもの *Wreck over which depth is known*
(12) Wk	沈船上の水深を掃海で確認したもの *Depth on wreck confirmed by wire drag*
15	掃海済みの沈船 *Wreck with depth cleared by wire drag*
	危険でない全没沈船 （沈船上の水深30mをこえ200mに満たないもの） *Sunken wreck, not dangerous to surface navigation*

注　意

1. 沈船の露出程度は最低水面を基準とする。
2. 船形で示さない沈船の位置は各記号の中心である。

# Foul	険悪地	*Foul ground*
	サンドウェーブ	*Sandwaves*
※	急潮・波紋	*Overfalls, Tide-rips*
※	激　潮	*Tidal race*
	渦　流	*Eddies*
	海　草	*Kelp, Sea-weed*
Bk.	堆	*Bank*
Sh.	浅　瀬	*Shoal*
Rf.	礁	*Reef*
Le.	岩　棚	*Ledge*
Br	破　浪	*Breakers*
	暗　岩	*Sunken rock*
Well	水面下の油井口	*Submerged wellhead*
Obstn ※Obst	障害物	*Obstruction*
	石油開発台	*Oil Exploitation Platform*
Tr	塔、やぐら、測台	*Tower*
Pile	く　い	*Pile*
Wk　※Wrk	沈　船	*Wreck*
(3₇)　6₈	魚　礁 （最小水深がわかっているもの *with least depth where known*）	*Fish haven*
	魚　礁 （概位、水深不明なもの　PA, *Unsurveyed fish haven*）	*Fish haven*
※ 魚礁	魚　礁	*Fish haven*
Pile	水没くい	*Submerged piling*
	沈　木	*Snags, Submerged stumps*
	より浅いかもしれない水深	*Lesser depth possible*
dr	干出する	*Dries*
cov	没する	*Covers*
uncov	露出する	*Uncovers*
Rep ※Repd	報告された	*Reported*
Discol	変色した	*Discoloured*
	孤立危険物	*Isolated danger*
	危険界線	*Limiting danger line*
	岩の多い区域の限界	*Limit of rocky area*
PA ※(PA)	概　位 （位置決定の精度が悪いもの）	*Position approximate*
PD ※(PD)	疑　位 （種々の位置に報告され いかなる方法でも明確に決定できないもの）	*Position doubtful*
ED ※(ED)	疑　存 （存在が疑わしいもの）	*Existence doubtful*
pos	位　置	*Position*
	疑わしい	*Doubtful*
unexam	未精測	*Unexamined*

境界線等　Various Limits, etc.

記号	名称	Description
271°3	指導線	Leading line, Range line
Tr & Bn ≠ 090°5	見通し	Transit
≠	…と一線	In line with …
☆	明弧・分弧の限界	Limit of sector
→ ←→	推薦航路（浮標・立標で示したもの）	Channel, course, track recommended
<7.3m>	最大喫水	Maximum draught
DW	深水深航路（固定標で示したもの）	Deep water route (defined by fixed mark (s))
DW25m	深水深航路（最小水深を示したもの）	Deep water route (with the least depth)
<Ra> Ra	レーダ誘導航路	Radar guided track
	分離通航方式（分離帯による一方通航方式）	Traffic separation schemes (One-way traffic system with separation zone)
	分離通航方式（分離線による一方通航方式）	Traffic separation schemes (One-way traffic system with separation line)
	ラウンドアバウト（中央分離帯がある場合）	Roundabouts (with central separation zone)
	ラウンドアバウト（中央分離帯がない場合）	Roundabouts (no central separation zone)
※	海底線（電信・電話等）	Submarine cable (telegraph, telephone, etc.)
※ (電力 Power)	海底線（電力）	Submarine cable (power)
	海底線区域	Submarine cable area
※	廃棄海底線	Abandoned submarine cable
※	海底輸送管	Submarine pipe line
	海底輸送管区域	Submarine pipe line area
	海上境界一般	Maritime limit in general
港界 Harbour Limit	港界	Harbour limit
	港区界	Section limit
	航路界	Passage limit
	漁業水域の境界	Limit of fishing zone
土砂捨場 Spoil Ground	土砂捨場	Limit of dumping ground, spoil ground
⚓	錨地の区域	Anchorage area
	深水深錨地の区域	Deep water anchorage area
	検疫錨地の区域	Quarantine anchorage area
--->--- --<-->---	推薦航路（浮標・立標で示さないもの）	Course recommended (not marked by buoys or beacons)
-<-DW-->- -<-->-DW- DW	深水深航路（固定標で示さないもの）	Deep water route (not defined by fixed mark (s))
-DW 25m-->- DW 25m	深水深航路（最小水深を示したもの）	Deep water route (with the least depth)
航泊禁止 Entry Prohibited	制限区域	Restricted area
	禁止区域	Prohibited area
	航泊禁止区域	Entry Prohibited
	航行禁止区域	Entry Prohibited
	漁業禁止区域	Fishing prohibited
1065	大縮尺海図の区画（通常、より大縮尺海図の区域を入れ 海図番号を付記する）	

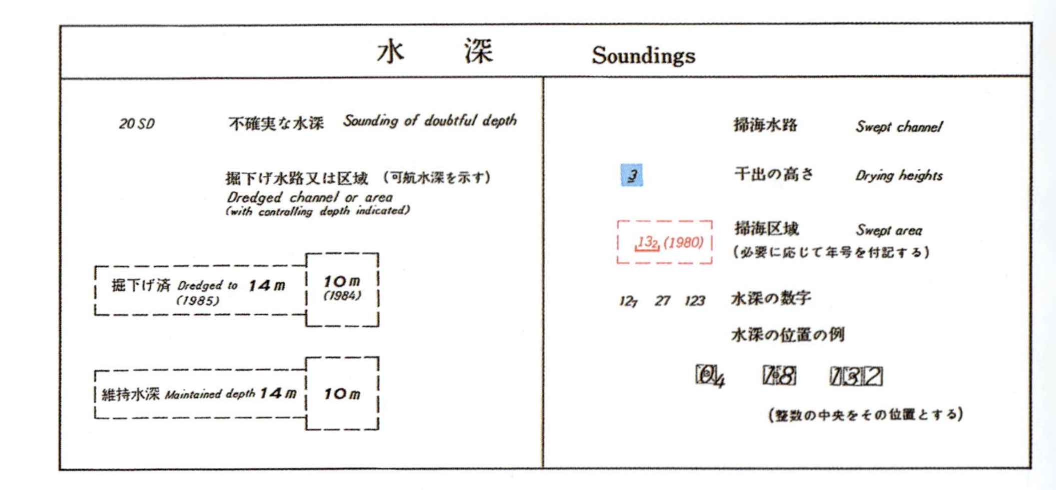

底　質　Quality of the Bottom

※Gd	海　底	*Ground*	※Sn	粗　礫	*Shingle*	ca	石灰質	*Calcareous*
S	砂	*Sand*	Gr	細　礫	*Granule*	※Qz	石　英	*Quartz*
M	泥	*Mud*	P	中　礫	*Pebbles*		片　岩	*Schist*
Oz	軟　泥	*Ooze*	Cb	大　礫	*Cobbles*	Co	さんご	*Coral*
※Ml	泥灰岩	*Marl*	St	石	*Stones*	※Md	石さんご	*Madrepores*
Cy	粘　土	*Clay*	R	岩	*Rock*	v	火山質	*Volcanic*
Si	シルト	*Silt*		群　石	*Boulders*	Lv	溶　岩	*Lava*
G	礫	*Gravel*	※Ck	白　亜	*Chalk*	Sh	貝　殻	*Shells*

潮汐及び海・潮流　Tides and Currents

HW	高　潮	*High Water*
HHW	高高潮	*Higher High Water*
LW	低　潮	*Low Water*
LLW	低低潮	*Lower Low Water*
MTL	平均潮位	*Mean Tide Level*
MSL	平均水面	*Mean Sea Level*
Zo	水深の基準面から平均水面までの高さ *Elevation of Mean Sea Level above Chart Datum*	
DL	水深の基準面・最低水面（水深改正の基準面） *Chart Datum (Datum for sounding reduction)*	
Sp	大　潮	*Spring Tide*
Np	小　潮	*Neap Tide*
MHW	平均高潮面	*Mean High Water*
MHWS	大潮の平均高潮面	*Mean High Water Springs*
MHWN	小潮の平均高潮面	*Mean High Water Neaps*
MHHW	平均高高潮面	*Mean Higher High Water*
MLW	平均低潮面	*Mean Low Water*
MLWS	大潮の平均低潮面	*Mean Low Water Springs*

1.5kn / ※ 1½kt	海流一般（流速を付記する） *Current, general, with rate*
2.3kn	上げ潮流（流速を付記する） *Flood stream (current), with rate* （大潮期の最強流速を「ノット」で小数第1位まで示す）
2.3kn	下げ潮流（流速を付記する） *Ebb stream (current), with rate* （大潮期の最強流速を「ノット」で小数第1位まで示す）
1.3kn, 2kn, 1kn, 1.5kn, 1kn, 2kn	潮流図表　*Tidal stream diagram* （矢符上の黒点の数は高低潮時後の時間を示す） （図上に注記のない限りその地方の高低潮に関するものである）

第4章　推測位置の計算と天体観測による測位原理

冒頭に述べたように，GPSの登場で，「今，自船が地球表面上のどこにいるか」がわかる測位（そくい）技術は歴史的発展を成し遂げ，ますます進化する傾向にある。従来，大洋航行中で主流だった天測技術は（天体を目印として行う測位）は，GPS測位の確認または非常用となった。推測位置の計算や，天文航法の計算などもコンピュータが簡単に正確な答えを与えてくれる時代になった。しかし，基礎的な知識がなくては，最新機器から出力され情報の何たるかを理解できない。ここでは，従来の測位技術に関する基礎的・原理的な内容を簡潔に説明する。

1　測位航法の種類

(1)地文（ちもん）航法

地球表面上の物標や針路，航程を観測して船位を求める方法

①沿岸航法

岬，山頂，灯台など地上の物標あるいは測深を利用する方法

②推測航法

正確な船位を初期値として，針路と航程（航走距離）により求める方法

(2)天文航法

天体を観測して船位を求める方法

(3)電波航法

無線方位測定機，レーダなどにより，電波を利用して船位を求める方法

(4)衛星航法

電波航法の一種であり，人工衛星に搭載された電波送信機までの距離を測定して船位を求める方法

(5)その他の航法

超音波を用いて海底に設置したトランスポンダ（応答器）までの距離を測定し船位を求める方法

2　地球は球

紀元前 4 世紀にアリストテレスは，「月食は地球の影の中に月が入ることによって生ずる現象であり，その影のふちの形がいつも丸い。したがって，地球は球である」と確信したという。また，紀元前 3 世紀ごろ，エジプトのアレキサンドリアのエラトステネスは，「地球は球であり，表面は曲がっている」と主張したという。

16 世紀になってコペルニクスは，地動説を唱えた。人間の住む地球が中心ではないという学説は，当時，あまりにも過激な考え方だったので受け入れられなかった。17 世紀になって，ガリレオが望遠鏡で見た宇宙の姿は，まさにコペルニクスの地動説を裏付けるものだったといわれる。

船で沖から陸に近づくと，遠くでは，まず山の頂から見えはじめ，山の裾野は陸に近づいてこないと見えない。こうしたことから地球は平らではないとわかる。

万人に対して，地球が球であることを決定的にしたのは，1969 年（昭和 44 年），アメリカのアポロ 11 号による人類初の月面着陸であった。月からの地球の映像は丸かった。現在では，容易に宇宙からの地球の写真を見ることができ，地球の形が球であることを誰しもが実感できる。

3　基本用語

3.1　地極，地軸，大圏，小圏，赤道，距等圏，子午線，緯度，経度，海里

図 1－20 に示すように，地球の北極，南極を地極（Pole）といい，2 つの地極を貫く軸 PP’を地軸という。緯度（ラット：Latitude,Lat. : l）は，赤道から南北に 90 度まで北緯，南緯として測る。

地極を通る大圏が子午線（Meridian）であり，イギリスのグリニッチ旧天文台を通る子午線を本初子午線（Prime Meridian）という。経度（ロング：Longitude,Long : L）はこれを起点として東西に，東経，西経として180度まで測る。

1海里（1マイル：1 n.m）は，緯度差1分（60分の1度），その地の子午線の円の中心角1分に対する地球表面の距離であり，地球を球とした場合は1,852メートル（「ヒトはイウ」と覚える。）となる。

地軸に垂直な大圏が赤道（Equator）であり，赤道に平行な小圏を緯度の圏，または距等圏（Parallel）という。

地球のおおむねの形状は，赤道半径が6,378,388メートル，極半径が6,356,912メートル，偏率1／297.0の回転楕円体である。測位論では，主に回転楕円体の偏率が小さいので，誤差として実用上問題が無しとして，地球をその平均半径6,371,229メートルの球として扱っている。

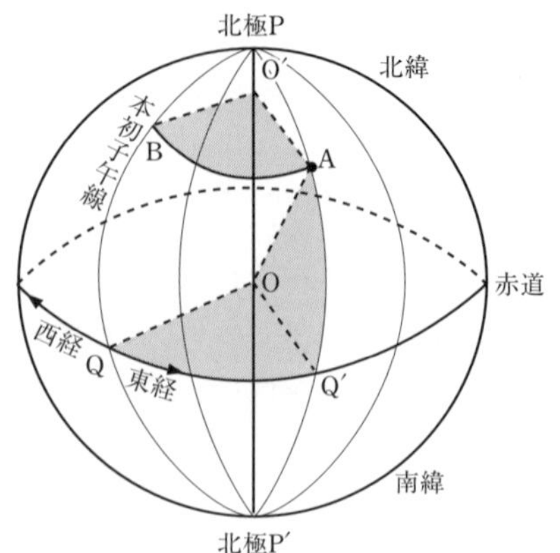

図1—20　緯度，経度

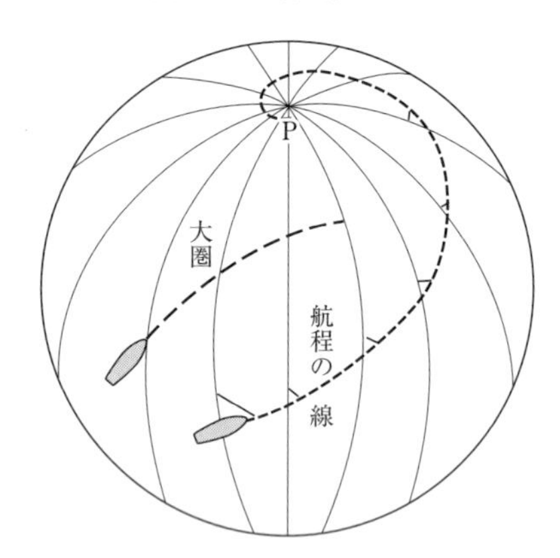

図1—21　航程の線，大圏

3.2　航程（こうてい）の線，航程，変緯（へんい），変経（へんけい），東西距（とうざいきょ）

図1−21に示すように，船が一定の針路で航海するとき地球表面に描く軌跡を航程の線（ラムライン：Rhumb Line）という。

地球の中心を通る平面と球面との交線を大圏（Great Circle）といい，2地点間の大圏は地球表面上の最短距離となる。地球の中心を通らない平面と球面との交線を小圏という。

図1−22に示すように，2地点間の航程の線上の距離を航程（Dist.）とい

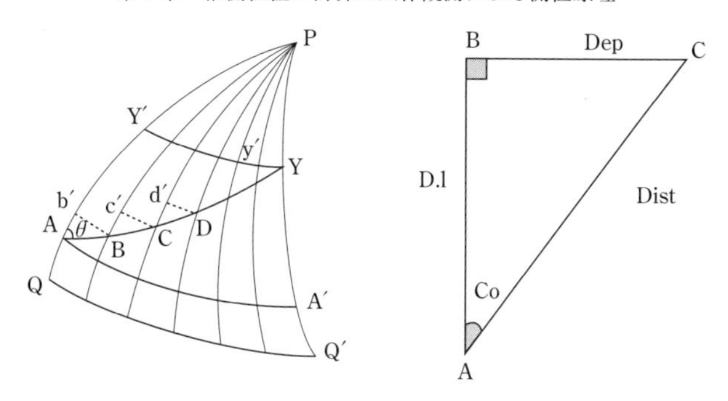

航程（Dist）AY
変緯（D.l）AY′　変経（D.L）QQ′
東西距（Dep）Bb′＋Cc′＋Dd′＋…＋Yy′
針路（Co）θ

図1−22　平面航法

い，2地点間の緯度，経度の差を変緯（D.Lat，D.l），変経（D.Long，D.L）という。

東西距（Dep.）は，両地間の航程の線を無数の子午線で等分し，これらの無数の緯度圏（距等圏）の距離の和を海里で表したものである。

D l ＝Dist・CosCo ……………………………①

Dep＝Dist・SinCo ……………………………②

TanCo＝Dep/D.l ……………………………③

Dist＝Dep・SecCo ……………………………④

これらの公式によって答えを求める算法を平面航法という。

3.3　船位（せんい）

船位は，緯度と経度，または特定地点からの方位と距離により表示される。

①実測（じっそく）船位（Observed Position : O.P）

地物，天体，電波により測得した船位

②推測船位（デッドレコ：Dead Reckoning position : D.R）

最近の実測船位を起点として針路,航程により計算で求められた推測値

③推定船位（Estimated Position : E.P）

推測船位に風，潮，海流による偏位量を計算して求められた推定値

3.4　時（タイム）

太陽は，地上から見ると毎日東から西に向かって1回転する。この1回転の時間を1太陽日という。GPSの普及以前は，船では現実の太陽が船の真上にくる時を12時として，その時刻に太陽の高度を観測し緯度を求めていた。船が東西に進むと，その時間は異なり，毎日それを計算して船内時計の改正をしていた。このときの計算に実際の太陽による視時（しじ）（Apparent Time : A.T）が使用された。視時時計を作ることは困難で，日常生活に視時と大差なく，しかも均一の速さで進む「時」を定める必要があった。そこで，太陽の平均速度に等しい速度で，赤道上をいつも同じ速さで運行する平均太陽という仮想天体を考え，これを「時」の基準として用いることにしたのである。これが平時（Mean Time : M.T）である。

平均太陽が地球を1周するには24時間を要する。平均太陽は，常に等速で進み，1周は360度で24時間。時間を弧度に，あるいは弧度を時間に改めることは容易である。

日本標準時は，兵庫県の明石を通る東経135度の子午線を基準にしているので，英国グリニッチ子午線における標準時協定世界時（Coordinated Universal Time）よりは時間にして9時間進んでいる。つまり，平均太陽が英国より9時間早く現れるわけである。

GPSの普及した今では，視時12時に太陽を観測する必要もなくなった。したがって，たとえば，東京からアメリカのサンフランシスコへ行くのに船で10日間かかるとすると，時差は17時間であるから1日に約1.7時間ずつ時計を遅らす必要がある。逆にサンフランシスコから東京へは1日に約1.7時間ずつ時計を進める必要がある。この時間調整の幅や回数は各船が決めており，その船固有の時間でしかない。したがって，他の船や世界各所との交信に船内使

用時を使わずに，標準時協定世界時が用いられる。

船の時計は，クロノメータと呼ばれ，水晶発振器式（クオーツ式）のなかでも特に精度の高いものが使用されている。船橋に2つの時計があり，1つは航海の基本となる協定世界時に，もう1つは，船内使用時や現地時間に常時，整合されている。船内各所の時計は，船内使用時を指示する時計と連動している。

4　位置の線

4.1　位置の線の種類

船位がその線上に存在する直線または曲線を位置の線といい，次の種類がある。

①方位による位置の線

地物の方位を測定し，海図上に測定した地物から反方位（180度±した方位）の線を描けば，位置の線となる。方位はジャイロエラーを修正したコンパス方位，またはレーダ方位（ジャイロコンパスと同じ）で取得する。方位による位置の線は，沿岸航行中に最も頻繁に利用されている。

②距離による位置の線

レーダで物標までの距離を測定し，海図上の物標から円孤を描けば位置の線となる。

③水深による位置の線

一定速力で航行中，一定間隔で連続測深を行い，海図上で推定船位付近を針路線に平行移動させ，測深値と符合する線を位置の線とする。

④天体観測による位置の線

天体の高度を測定し，地球平面上に測定した天体の等高度圏を描くことができれば位置の線となる。

⑤GPS観測による位置の線

GPSの測定をし，衛星からの距離がわかれば，衛星を中心とした距離を半径とする地球表面上の等距離の圏が位置の線となる。

4.2　位置の線の利用

本書では，沿岸航行中に今でもよく使われている2つの方法を概説する。

①交差方位法（クロスベアリング：Fix by cross bearing）

図1-23に示すように，2本以上の方位線をコンパスで測り，海図上に測定した物標から反方位線を描けばその交点が船位となる。

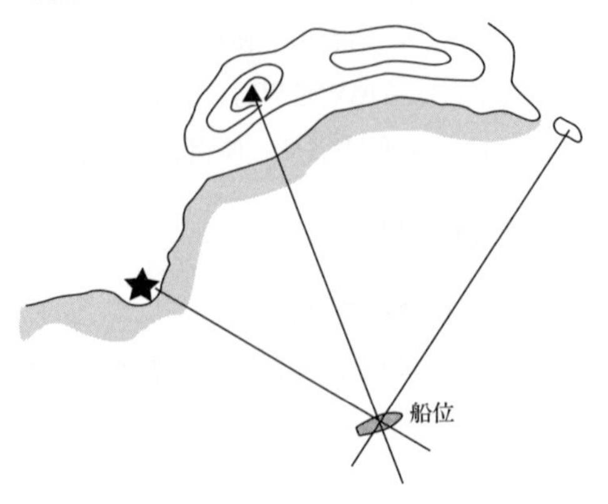

図1—23　クロスベアリング

②レーダ上の1物標の距離と方位による方法（Fix by bearing and distance）

図1-24に示すように，レーダ画面上で，顕著な1物標の距離と方位を測り，図上で，その物標からの反方位線と距離円を描けば自船のレーダ上の位置を海図に転記できる。

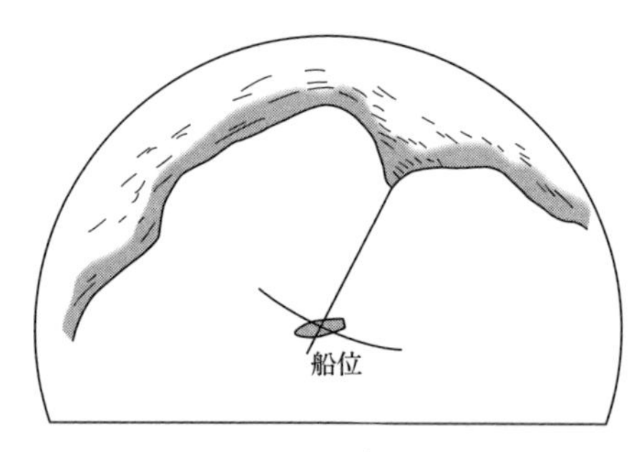

図1—24　レーダによる測位

5　ラムライン（航程の線）航法の原理

針路を一定に保って航海するラムラインによる航法の原理を概説する。

5.1　平均中分緯度航法

図1-25に示すとおり，2地点間の東西距は両地間の緯度を平均した平均中分緯度にほぼ等しいとする計算手法である。図1-22の平面航法の公式と図1-26に示す距等圏と変経の関係から，容易に理解できる次の算式を使う。

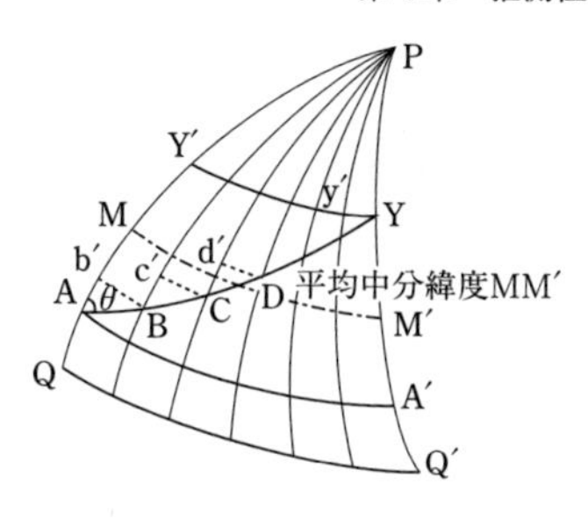

東西距（Dep）Bb′＋Cc′＋Dd′
＋…＋Yy′≒MM′

図1－25　平均中分緯度航法

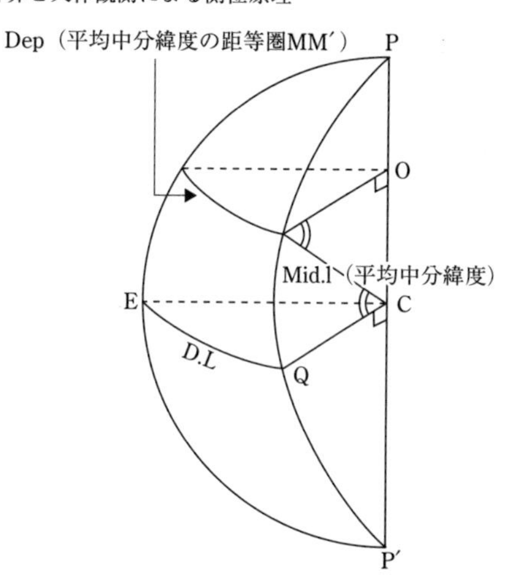

図1－26　距等圏航法

① 針路と航走距離（航程）から変緯，変経を求め，到着地の緯度，経度を算出するには，次の式を計算する。

変緯（D.l）＝航走距離（Dist）・cos　針路（Co.）………………①

東西距　＝航走距離（Dist）・Sin 針路（Co.）…………………②

変経（D.L）＝東西距離（Dep.）・Sec（中分緯度（Mid.l））……③

② 両地間の位置から，航程（航走距離）と針路を求めるには，次の式を計算する。

tan 針路（Co.）＝東西距（Dep.）／変緯（D.l）＝（変経（D.L）・cos（中分緯度（Mid.l））／変緯（D.l）………………………………④

航走距離（Dist）＝変緯（D.l）・sec　針路（Co.）…………⑤

③ この算法は，前述した地球を真球と仮定したため航程が大きくなれば誤差が増え，一般的に航程が600海里以下であれば実用上差し支えがないとされている。

5.2 漸長緯度航法（ぜんちょういどこうほう）

漸長図（メルカトール図）の部分で説明したように，円筒面が赤道で接するよ

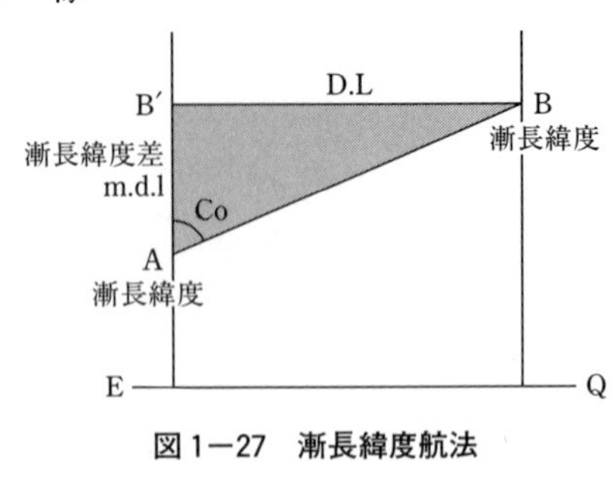

図1－27　漸長緯度航法

うに地球儀に円筒をすっぽりかぶせ，地球中心を投影中心としてこの円筒面に投影する正角図法で作成された漸長図は，2地点間を結ぶ直線は針路に相当するため，海図に利用されている。図1-27に示すように，漸長図では，極に集合する子午線を赤道に直角な平行線で表すため，距等圏の長さはどの緯度に置いても変経と等しく表示される。また，同じ割合で緯度の長さ（子午線の長さ）も漸長される。地球を回転楕円とした場合の漸長緯度は，次の式で計算される。航海者のために漸長緯度の計算表が海上保安庁水路部から発刊されている。

漸長緯度 $m = 7915.7045 \log 10 \tan(45° + 緯度l/2) - 3437.74677(e^2 \sin 緯度l + e^4 \sin 緯度l3/3 + e^6 \sin 緯度l5/5)$

ここで，e は地球の離心率で，楕円形がどの程度真円に近いかを表現する値である。両地間の漸長緯度（メリジョナルラット：m）の差を漸長緯度差（メリジョナルディーラット：m.d.l）という。

図1-27において示すように次の算式を使う。

① 針路と航走距離（航程）から変緯，変経を求め，到着地の緯度，経度を算出するには次の式を計算する。

変緯（D.l）＝航走距離(Dist)・cos 針路(Co.)　……………①

変経（D.L）＝漸長緯度差(m.d.l)・tan 針路(Co.)　……………②

② 両地間の位置から，航程（航走距離）と針路を求めるには，次の式を計算する。

tan 針路（Co.）＝変経(D.L)／漸長緯度差(m,d.l)　……………③

航走距離（Dist）＝変緯(D.l)・sec 針路(Co.)　……………④

6　天文航法

大洋を航海するときは，沿岸を航海する際に用いた灯台，山の頂きなどの測位のための目印はない。今では人工衛星からの電波があるが，昔は天体（太陽，恒星，惑星，月）を目印として天文学を応用した天文航法による測位を実施していた。はるか昔からその歴史はあるが，本格的になったのは正確な時計が使用されるようになった18世紀からであった。GPSが主流となった今でも，自船位置の確認用，非常用として使用されている。本書ではその原理についてのみ説明する。

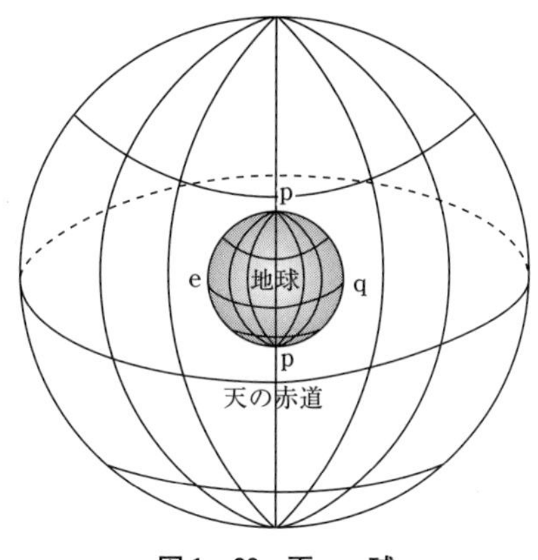

図1−28　天　　球

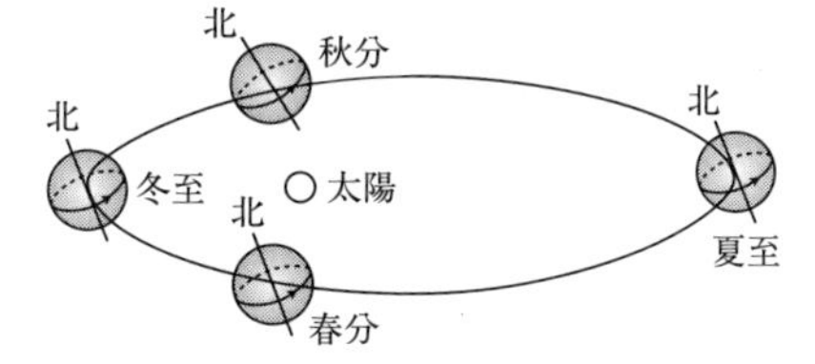

図1−29　春分点等

6.1　天文航法で使用される天文学の基本用語

(1)　天（てん）　球（きゅう）

図1−28，1−30に示すように，地球中心を中心とする無限大の仮想の球を天球と言い，天の赤道があり，天の極，天の軸があり，黄道（こうどう）と天の赤道との交点を春分点，夏至点，

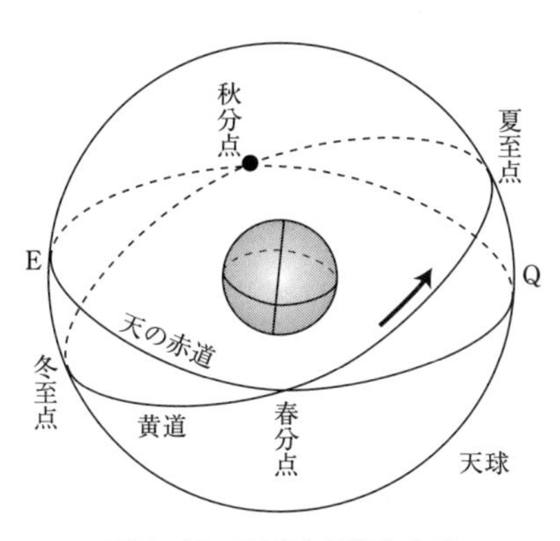

図1−30　天球上の春分点等

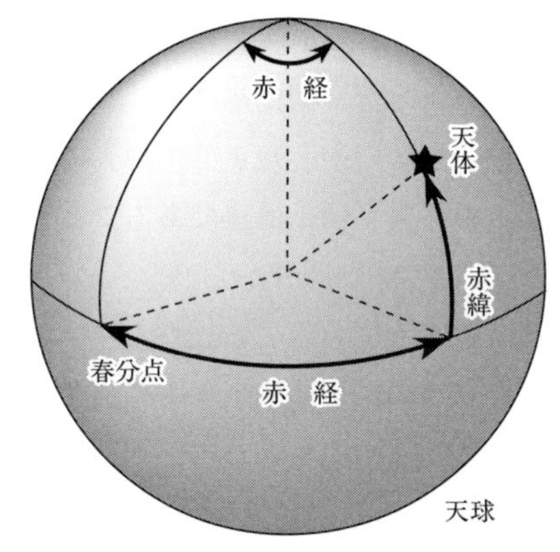

図1−31　赤緯，赤経

秋分点，冬至点がある。

(2)　天体の赤緯（せきい），赤経（せつけい）

図1－31に示すとおり，地球上の位置の緯度・経度表示と同様，天球上の天体の位置が天の緯度に相当するものを赤緯といい，春分点から天体を通る天の子午線までの天の赤道上の弧を赤経という。

(3)　天頂（てんちょう），地平圏（ちへいけん）

図1－32に示すとおり，観測者の位置を頭上に延長して天球と交わる点を天頂，天頂に垂直な大圏を地平圏という。

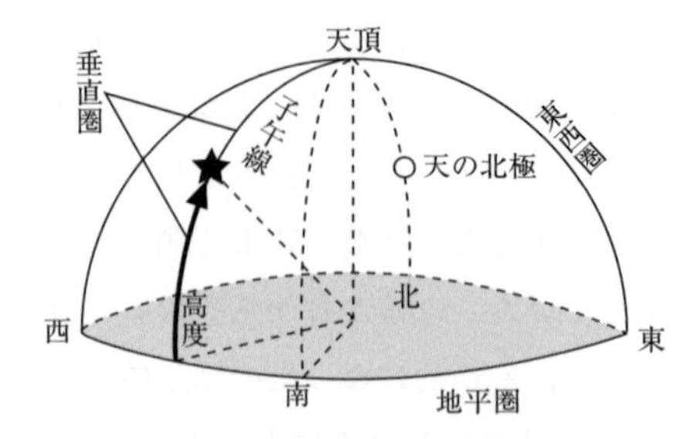

図1－32　天頂，地平圏

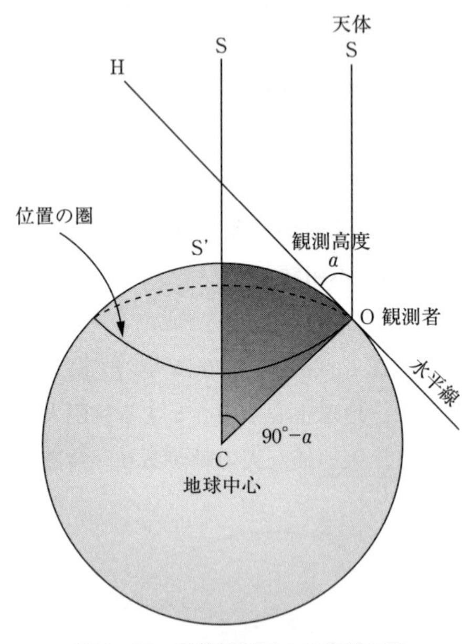

図1－33　天体観測による位置の圏

6.2　天文航法の原理

図1－33に示すとおり，地球中心と天体を結ぶ直線が地球表面と交わる点をS'，観測高度をaとすれば，地球の中心角1分が地表に張る弧の長さは1海里であることから，観測者はS'から90°－aの等距離圏上にいることになる。この位置の圏の一部が天体による位置の線となり，三つの天体観測で3本の位置の線が得られ，クロスベアリングと同様にそれらの交点が船位となる。

具体的には，図1－34に示す球面上の天文三角形（位置の三角形）を球面三角法で解けばよい。

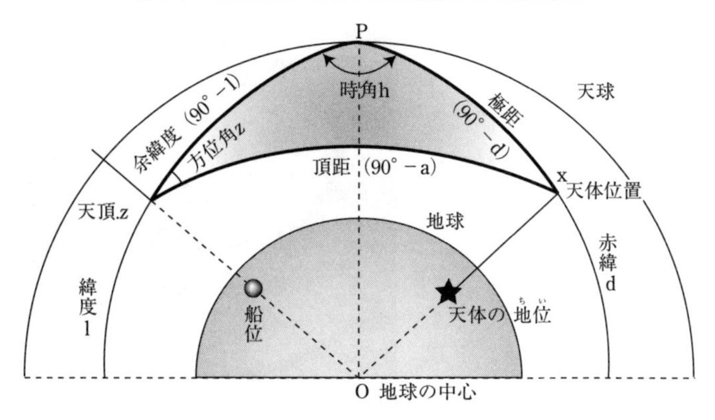

図 1－34　天文三角形

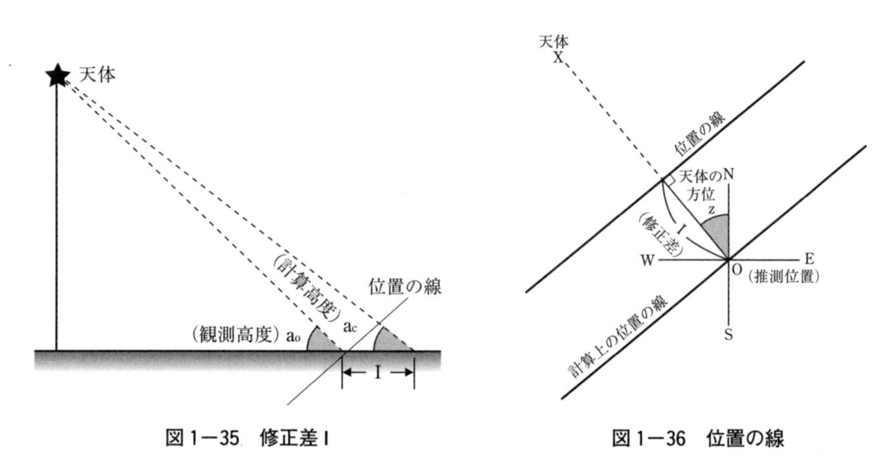

図 1－35　修正差 I

図 1－36　位置の線

① まず，天体の高度を六分儀で測り，その際の正確な時間を得ておく。

② 次に，推測位置を漸長緯度航法か中分緯度航法で求め，天体観測の正確な時間の赤緯，赤経を求める。天体位置計算の基礎データは，水路部発行天測暦に掲載されている。

③ 時角 h を天頂を通る天の子午線と，天体の赤経とのなす角として求める。

④ 90°－l（余緯度は，90 度から引いた値で観測時の推測位置の緯度を用いる）

から，方位角と 90° −a（高度）を計算する。

⑤　こうして，推測位置におれば，この高度，方位角に天体が見えるはずだという計算高度を求め，六分儀による実測高度との差（修正差：インターセプト）を求め，図 1 − 35，図 1 − 36 に示すように，天体観測による位置の線を得る。

写真 1—12　六 分 儀

ここで，天体の方位は観測することなく，計算方位を使用するが，実用上のその誤差は問題がないとされている。

約 30 年前まで，この計算を常用対数を用いて毎日 2，3 回行っていた。今では関数電卓で十分実施可能である。

天体の高度を測るには，六分儀（ロクブギ：sextant）を使用する。六分儀は，天体からの光を鏡で反射させて天体の高度を測定する計器である。六分儀は 2 つの地上物標の夾角（きょうかく）測定にも使用されている（写真 1 − 12）。

第5章　航 海 計 画

1　航海計画とは

航海計画とは，航路の選定，出入港日時や要注意場所の通過日時の決定などの航行計画を立案することである。電子技術の発達により航海用情報の入手が簡易になったが，情報を入手して判断し意志決定して実行命令を下すのは操船者であり，その部分が最も重要である。航海計画においても，航路を電子海図上に描くことはいとも簡単な作業になったが，人間が行う航路選定の重要性は今も変わらない。

2　航路選定の留意事項

航海の安全を第一とし，次に航海時間の短縮，燃料の節約を考えるとともに気象，海象の地域的・季節的な障害を配慮しなければならない。そのためには事前に次のことを最低限，調査しなければならない。

① 海図など水路図誌による最新情報が得られること。そのためには，変化情報である水路通報，水路図誌，潮汐表その他航行区域全域の参考資料を調査する。

② 航行船舶の交通量やその季節の漁船の操業状態，定置漁具，海潮流など水路の状況を調査し，耐航性や船の用務を勘案して，安全かつ経済的な航路を選定する。

3　離岸距離

航路の離岸距離は，自船の大小，速力，喫水，外力の影響，視界や他船の状況によって決められ，船舶交通量や操業中の漁船を避航する余裕水域や，舵・機関など不慮の故障に即応できる安全距離を第一要件として決定しなければならない。航路一帯に漁船が集団操業している水域を航行する場合には，迷わず沖出しして遠回り航路をとることが必要となる。一般的には，内海航路では1海里，外洋航路では5海里，夜間の航路標識のない外洋航路では，10海里以上離岸するのがよいとされている。

4　危険物の離隔（りかく）距離

航路付近に散在する暗礁（岩）などの危険物が存在する海域では，これらとの離隔距離を決定する場合，とくに次の場合は離隔距離を大きく計画しなければならない。

①　陸標による船位測定の困難なとき

②　夜間，霧など視界の悪い場合や海潮流の強い場所

③　使用海図が精密でない場合

5　狭水道（きょうすいどう）における航海計画

関係水路誌，海図，灯台表，潮汐表などによって，潮流，航路，航路標識をあらかじめ十分調査したうえで，次の計画をする。

①　通過時機として，憩流時（けいりゅうじ）またはその前後の潮流が微弱な時期を選ぶが，さらにその地方の気象上の条件や交通量なども合わせて考慮し，計画する。

②　航路計画に当たっては，右側通航の原則から，水道中流の右側を航行するよう，他船を避航（ひこう）する水域を考慮して計画するが，できるだけ流れを横から受けないように計画する。

③　安全通航のため，航進目標を選んでおくことが必要である。大角度変針を避け，小刻みに変針するよう計画する。

6　浅い水域における航海計画

水域の航行幅や深さが制限された水域では，船体の周りの水の圧力分布が変化し，船体の運動も制約される。とくに，第二編で説明する船体が沈下する浅（せん）

水影響を考慮して計画しなければならない。

7　狭視界時における航海計画

航行中に視界が悪くなった場合の航海は，次の事項を状況に応じて適切に励行するように計画しておかなければならない。

① 安全な速力とし，霧中信号を励行し，法定灯火を表示する。

② レーダを適切に使用し,船橋見張り員を増強し,適切な見張りを行う。

③ 機関用意，投びょう用意をする。

④ 陸上や他船からの信号に注意する。

⑤ 航海に不安のある場合は，沖合に出る。

8　潮汐の影響の強い水域における航海計画

潮汐の流れは操船や航海に次のような重大な影響があり，次のことを考慮して航海計画を立てなければならない。

① 潮汐の流れは船全体を潮下に圧流する。

② 潮汐の流れを船首に受けると，対地速力は減少するが，舵効きはよくなる。また，潮汐の流れを船尾から受けると対地速力は増すが，舵効きは悪くなって保針が困難となる。

③ 狭水道などで本流とその反対に流れる反流（わい潮）がある場合を考慮する。

主な参考文献

「地文航法」長谷川健二著　海文堂出版
「天文航法」長谷川健二著　海文堂出版
「航海学（上巻)」辻　稔著　成山堂書店
「最新 航海読本」板谷　毅他著　成山堂書店
「航海計測」飯島幸人他著　成山堂書店
「電子航法のはなし」藤井弥平著　成山堂書店
「航海技術の歴史物語」飯島幸人著　成山堂書店
「図説 海事概要」海事実務研究会編　海文堂出版
「海と船のいろいろ」大阪商船三井船舶㈱　成山堂書店

第二編　運　用

昔から，運用学（うんようがく），運用術という言葉がよく使われているが，その定義はあまり見ない。海技試験の科目に「運用に関する科目」があり，その細目が決まっている。広辞苑では，運用とは，「うまく機能を働かせ用いること，活用」とある。したがって，船舶の運用とは，一口でいうと，「構造，設備，機能を知ったうえで，うまく用いること」となろう。

電子技術の発達とともに航海装置がコンピュータ化され，船舶の大型化，高速化，省力化，外国人船員との混乗化が進んでいる。これらの進展に伴い，さらなる船舶安全運航の確保を得るための「運用」を実施する人間の機能・資質が，1つの課題となると考えられる。つまり，新しい環境に対応した「運用」が求められている。

第1章　船の種類

一般的に船舶（Vessel,ship）とは，人や物を積載して，水上に浮揚して，移動するものとされている。船の起源は，旧石器時代の丸木舟にさかのぼるが，鋼鉄製の船舶は19世紀に誕生し，進化を重ね，現在では大型化・高速化・知能化している。その種類は，おおむね次のとおりに分類されている。

1　用途による分類

船舶は，商船（Merchant Vessel：旅客や貨物を運送し運賃を得る目的の船），漁船（Fishing Vessel：漁業に従事する船と漁業に関連する船），作業船，特殊船（練習船，巡視船など）に大別される。商船は，旅客船（Passenger Ship），貨客船（Mixed Ship：貨物と旅客を同時に輸送する船），貨物船（Cargo Ship）に大別される。このうち，貨物船は，次のように分類される。

①　タンカー（船倉がタンクになっていて，原油等を積載する船）

②　バルクキャリア（鉱石専用船，石炭専用船，ばら積船，穀物専用船）

③　木材専用船（パルプ専用船，チップ専用船を含む）

④　自動車専用船（自動車を専門に積載する船）

⑤　その他専用船（鋼材専用船，セメント専用船，石炭専用船，土砂運搬船，スクラップ専用船）

⑥　化学薬品船，液化ガス船（LPG船，LNG船）

⑦　コンテナ船（コンテナに入れた貨物を専用に積載する船）

⑧　一般貨物船（種々の一般貨物を積む船，重量物船）

（以上①～⑧，次頁参照。）

2　動力機関による分類

船舶の推進装置を動かす機関の種類によって次のように分類されている。

タンカー

鉱石専用船

木材専用船

自動車専用船

石炭専用船

LNG 船

コンテナ船

重量物運搬船

（以上，写真提供：商船三井）

① 蒸気往復動機関船（レシプロ船）

② 蒸気タービン船

③ 内燃（ないねん）機関船（主としてディーゼル機関船）

④ ガスタービン船

⑤ 電気推進器船

⑥ 原子力船

3　船舶安全法における分類

船舶の堪航性と人命の安全保持を目的とする船舶安全法では，次のように分類されている。

① 旅客船（旅客定員13人以上の居住・救命設備を有する船）

② 非旅客船（旅客定員12人以下の船）

③ 漁船

④ 特殊船（原子力船，潜水船，水中翼船，エアクッション船など）

⑤ 危険物ばら積み船

⑥ 小型遊漁兼用船

また，船舶安全法に基づく船舶救命設備規則では，装備しなければならない救命設備のランクによって，次のように分類されている。

① 第1種船（国際航海に従事する旅客船）

② 第2種船（国際航海に従事しない旅客船）

③ 第3種船（国際航海に従事する総トン数500トン以上の一般船舶で，第1種船及び漁船を除く船舶）

④ 第4種船（国際航海に従事する総トン数500トン未満の一般船舶と国際航海に従事しない一般船舶で，第1種船，第2種船と漁船を除く船舶）

第2章　船舶の基本用語

1　船名など

1.1　船　　名

わが国では，船舶法により船名の表示義務があり，船名がつけられている。伝統的に「マル，丸」をつけることが多いが，その由来には諸説がある。たとえば，自分を意味する「麿（まろ)」が,「丸」に変化し,「愛し敬う」意味で人の名前，犬や太刀に用いられるようになり，船の名前にも「丸」が付けられるようになったといわれている。外国人は，日本船のことを「マルシップ」と呼ぶ。最近では「丸」のついていない船名，たとえば花や山，星の名前なども増えている。

1.2　船舶番号（Official Number）

自動車のナンバーと同様，船舶原簿に登録される船舶番号が付されている。

1.3　信号符字（しんごうふじ）（Call Sign）

総トン数100トン以上の船舶に付すことが船舶法によって義務づけられいる。たとえば，JYAMというように，無線通信の呼出符号として使用されている。

1.4　船籍港（せんせきこう）

船舶法により，人間の本籍に相当する船籍港を定め，たとえば「東京」というように船尾に船籍港を表示することが決められている。

2　船の主要部位の名称

図2−1に示すとおり，船の前部を船首（バウ，Bow）といい，最先端をステ

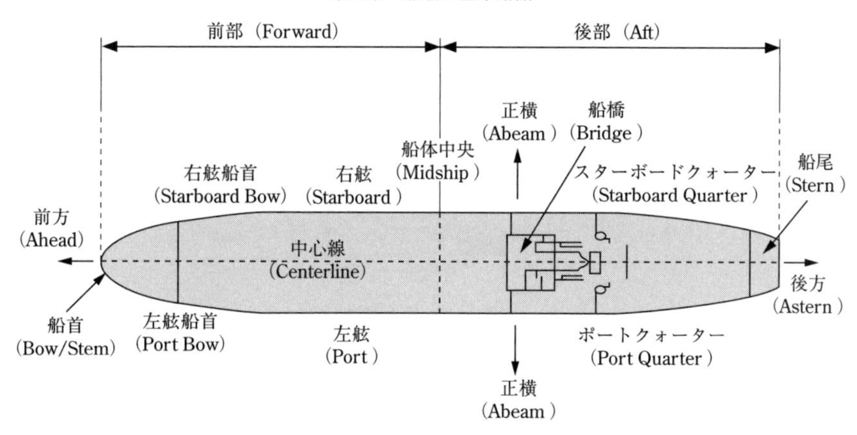

図 2─1　主要部位の名称

ム（Stem），船の後部を船尾（スターン，Stern）という。船の右側の部分を右舷（スターボード，Starboard）といい，左側の部分を左舷（ポート，Port）という。

3　船体主要寸法

3.1　長さ（Length : L）

関係する法規の目的により定義が異なっている。図 2－2 に示すように全長（Length over all : Loa）は，最前端から最後端までの水平距離で操船に必要な値をいう。また，垂線間長（Length between perpendicular : Lpp）は満載吃水線上の船首材の前端から舵頭材（舵の軸）までの水平距離をいい，船舶安全法でよく

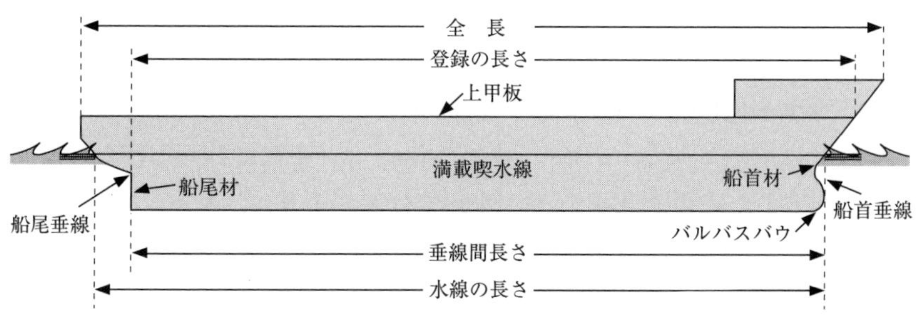

図 2─2　長さ

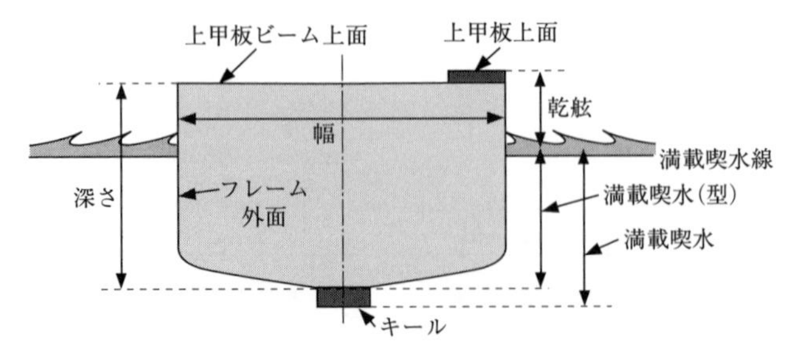

図 2—3　幅と深さ

用いられる。

水線の長さ（Length on water line : Lwl）は，一般に満載吃水線上の船首前面から船尾後面までの水平距離をいうが，任意の吃水における水線上の長さをいうこともある。

3. 2　幅（Breadth : B）

図 2－3 に示すように，型幅（moulded breadth）は船体の最も幅の広いフレーム外面間水平距離を言い，全幅（extreme breadth）は外板の外面間の水平距離をいう。

3. 3　深さ（depth : D）

図 2－3 に示すように，深さは，船の長さ方向の中央でキールの上面から上甲板ビームの舷側における上面までの垂直距離をいう。

3. 4　シヤー（sheer），キャンバー（camber）

図 2－4 に示すように，シヤー（舷弧（げんこ），sheer）は，甲板に打ち上げられた海水を早く出すためのそりをいう。図 2－5 に示すように，キャンバー（camber）は，甲板上の水はけと横強度のためのそりをいう。

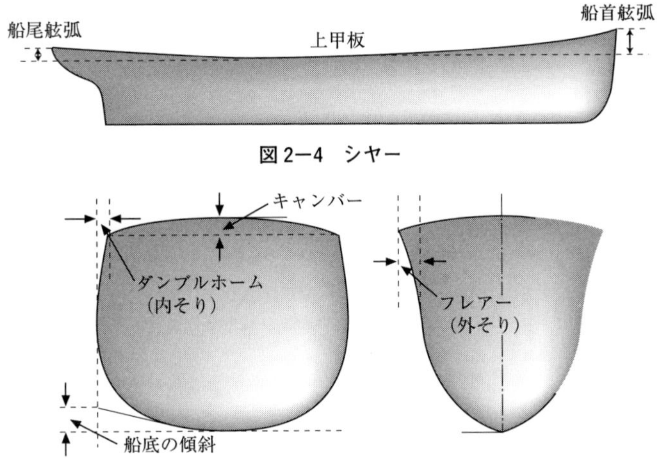

図2—4　シヤー

図2—5　キャンバーとそり

3.5　トン数

昔，船の大きさを酒樽（トン，Tun）がいくつ積めるかという表示からはじまったといわれ，今では船の重量や容積を表すための単位としてトンが用いられている。

①総トン数（Gross tonnage : GT）

図2−6に示すように，総トン数（Gross tonnnage : GT）は，課税，船舶検査料などの基準として使われている。20世紀末になってはじめて国際的な統一がなされ，外板の内側の全容積を計算し，それにある係数を乗じた値である。この係数は従来のトン数より大きくなることが不都合なことから，それを調整する便宜的な値である。

②純トン数（Net tonnage : NT）

図2−6に示すように，純トン数は，旅客または貨物の運送の用に供することができる場所の大きさを表わし，主に税金徴収のために用いられる。

③載貨重量（さいかじゅうりょう）トン数（Dead weight tonnnage : DWT）

載貨重量トン数は，満載吃水線まで貨物，燃料，清水などを積載したと

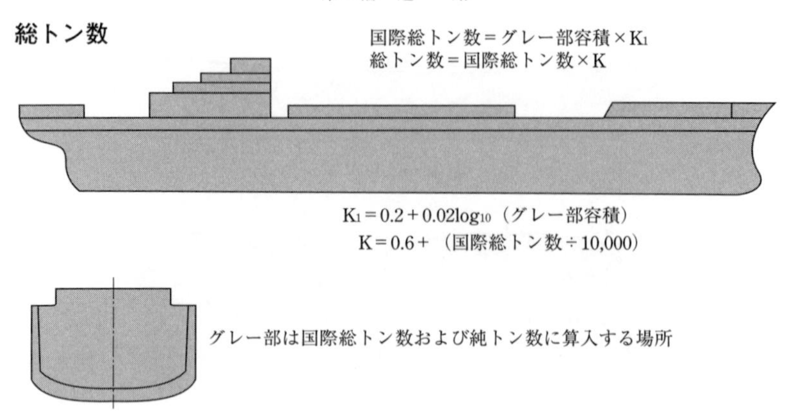

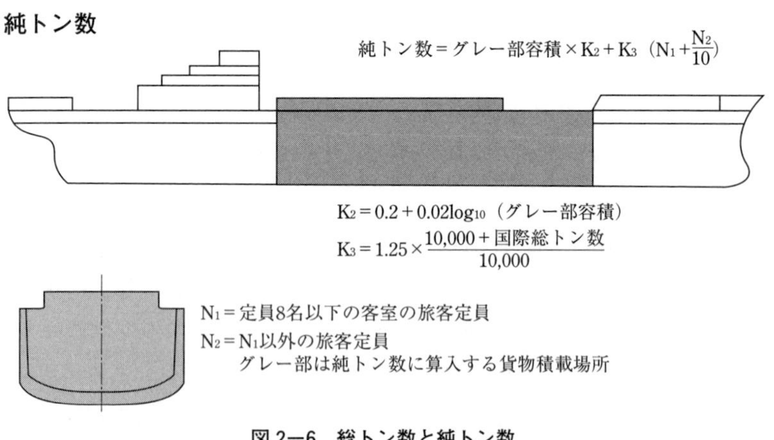

図 2−6　総トン数と純トン数

きの重量から軽荷状態（けいか）（貨物，人，燃料，潤滑油（じゅんかつゆ），バラスト水，清水など何も積んでいないときの重量）の重量を差し引いたトン数をいい，貨物船では最も一般的に使用されるトン数である。わが国では 1,000 kg を 1 トンとするキロトン（KT）が使用される。載貨重量トン数は，燃料，清水，潤滑油などの重量を含んでいるので，載貨重量トンぎりぎりまで貨物は積載できない。

④満載排水トン数（Full Displacement tonnange）

排水トン数は，主として軍艦の大きさを表わしたり，船の運動性能の計算を行うのに用いられる。船は，船の水線下の体積と等しい水を排除し，排除された水の重量が船の重量になる。この排除された水の量を排水量と言い，重量で表わしたのが排水トン数である。船の吃水により排水量（重量）は異なるので，満載吃水線まで沈んだときの重量を満載排水トン数という。

3.6 喫(きっ)　水(すい)（ドラフト，吃水）

水面下にある船体の深さを吃水（ドラフト：Draft，喫水）といい，船体の船首，中央，船尾に目盛りが20センチメートルおきにつけてある。このマークを基にして左右の傾斜（ヒール，heel），前後の傾斜（トリム，trim），上下方向の船体のたわみが分かり，船の状態を知ることができる。

3.7 乾(かん)　舷(げん)

安全な航海をするためには，吃水は，ある限度におさえて，ある程度の予備浮力をもたせる必要がある。船体中央部には吃水マークの他に図 2−7 に示す，乾舷標（これ以上船を沈めてはならないというマーク）や季節や航行海域で変わる満載吃水線（load water line : LWL）マークが，国際航路の船には必ず付いている。図 2−7 における中央の丸いマークの中心を通る水平線の上縁が LWL である。その右側は帯域（zone）のマークで，各帯域を航行するときの最大 LWL を示す。つまり，貨物などをいっぱい積むときに，ここまでは積んでもよいと許される満載吃水線（LWL）である。たとえば，熱帯海域では海が大荒れすることはあまりないので，T 印の LWL の上端ま

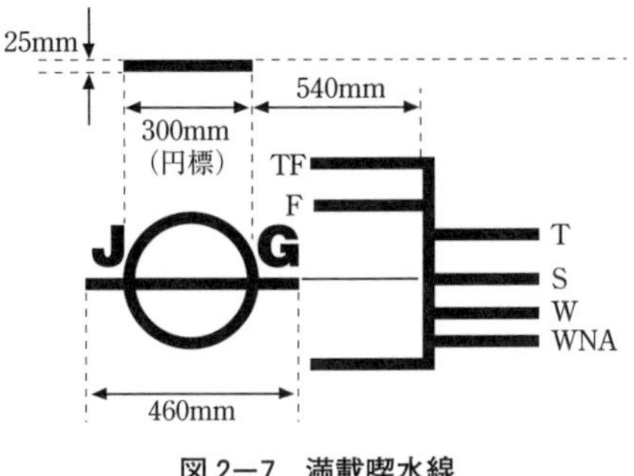

図 2−7　満載喫水線

で船を沈めてもよいということである。

一方，LWLから船側における上甲板（upper deck plating）上面までの垂直距離，すなわち水から上の乾いている高さを乾舷という。

満載喫水線マークの略号，帯域は次のとおりである。

略号	Load Line	適用帯域
TF	Tropical Fresh Water Load Line	熱帯清水
F	Fresh Water Load Line	清水
T	Tropical Load Line	熱帯
S	Summer Load Line	夏季
W	Winter Load Line	冬季
WNA	Winter North Atlantic Load Line	冬季北大西洋

3.8　トリム（トリム，trim）

船首吃水と船尾吃水との差をトリムといい，次の種類がある。

①船首（せんしゅ）トリム（トリム・バイ・ザ・ヘッド，trim by the head）

船首吃水の方が船尾吃水よりも大きい場合で，船尾が浮上り舵効きや推進効率が悪くなる。

②船尾（せんび）トリム（トリム・バイ・ザ・スタン，trim by the stern）

船尾吃水の方が大きい場合で，適度の船尾トリムは航海状態として最も良い。

③等吃水（とうきっすい）（イーブン・キール，even keel）

船首，船尾の吃水がなどしい場合で，ドックの出入や浅水ではこの状態にする。

第3章　船舶の構造

1　船に加わる力

1.1　曲げモーメント

満載したときは，図2−8のように中央部が貨物の重量で下り，船首尾が浮力で浮上り，船体は曲る。この状態をサギング（サグ，Sag）という。空船のときは，中央部が浮上がり，船首尾部のバラスト，機関，燃料の重量で下がり船体は曲がる。この状態をホギング（ホグ，Hog）という。ホグ，サグは波によっても起こる。

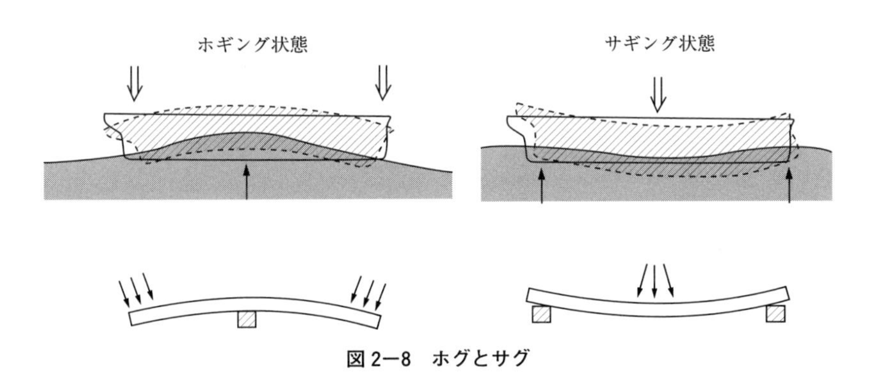

図2−8　ホグとサグ

1.2　剪（せん）断力，局部荷重

船舶では，積荷したタンクと隣の空のタンクの間などに剪断力が働く。剪断力は，物体のある面に平行に力が加わり，その面にそって物体をすべり切るように働く。

曲げモーメントと剪断力は，船全体で支える強度であるのに対し，局部強度は，たとえば，波の衝撃に耐える船首部分の強度など，船体の一部分に加わる力に耐える強度をいう。

造船工学は，経験工学であり，安全に航行している船舶の強度を参考にして設計が行われるので，従来の船に比較して大馬力の船を建造したり，大型化したりすると，今までになかった欠陥が表れることがある。

2　船体の構造方式

紙で作った凧が竹の骨により強度を保持するように，船体も骨によって強度を保持している。その骨の入れ方に横式，縦式，縦横混合式の 3 つがある。

2.1　横式構造（Transverse Framing System）

昔からよく使われており，とくに中小型船に広く採用されている。この方式は工事が容易で船倉内に突出物がなく貨物の扱いに便利であるが，長さが長い大型船では，曲げモーメントが大きく，この構造では十分な強度が保てない。

図 2－9 に示すように，フレーム（肋骨（ろっこつ）），ビーム（梁（はり））が主たる骨組となっている。フレームには，船尾から船首に向い順番に番号が付されており，船の縦方向の位置を表示するのにフレーム番号を用いることがある。

2.2　縦式構造（Isherwood System）

工事が比較的難しく，船倉内に突出する部分が多く貨物の取り扱いに不便な点はあるが，縦強度に優れ，船体重量は横式構造より軽くできるので，大型船やタンカーによく使われる。図 2－10 に示すとおり，縦ビーム，ウエッブフレーム（特設フレーム）が主たる骨組となっている。

2.3　縦横混合方式（Combined System）

工事が簡単で，広い船倉が得られ，材料を節約できる最も経済的な方式で，発展する可能性が最も高いといわれている（図 2－11）。

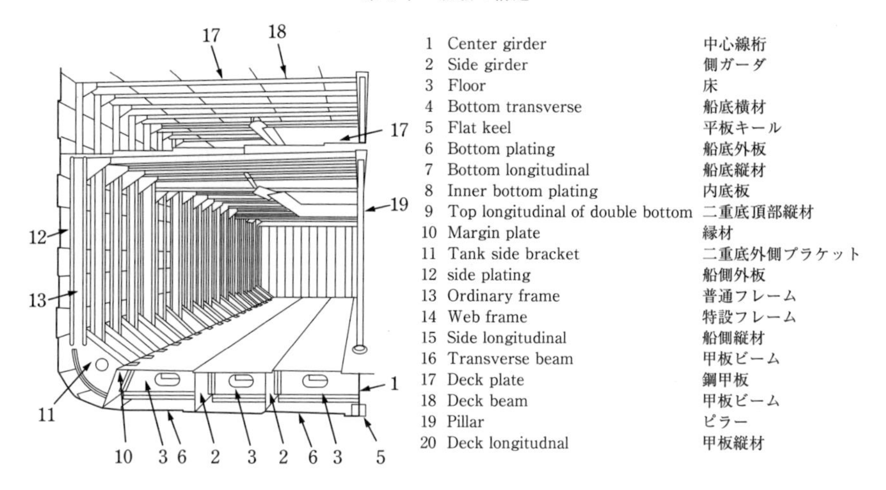

図2—9　横式構造

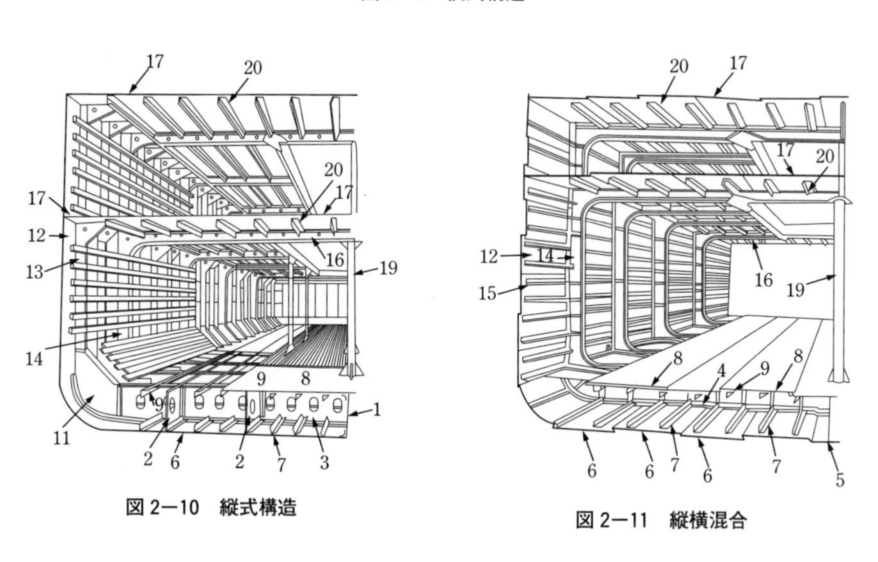

図2—10　縦式構造

図2—11　縦横混合

3　主要な強力部材

船体を変形・破壊させようとする外力に対し強度を保つ部材を強力部材という。船体の縦方向の力に対するものが縦強力材で，横方向の力に対するものが横強力材である。

3.1　縦強力材

①外板（シェルプレイト，Shell Plate）

外板の役割は船体を水密に保つとともに，重要な縦強力部材である。外板は，それぞれの部位で受ける力が異なるので，鋼材の材質，板厚が異なっている。なお，船体中央部の板厚は，引張り，圧縮の力が大きいので他の場所より厚くなっている。大型船の最も厚い部分で約 3 センチメートル程度である。

②甲板（デッキ，Deck）

甲板は建築物の床に相当する部分で，船体の強度を受持つものと，単に床としての役割だけのものがある。船首から船尾まで連続している最上層の上甲板（アッパーデッキ，Upper Deck）は，強力甲板とも呼ばれる重要な縦強力部材である。上甲板の厚さも外板と同じように力のかかる中央部が厚くなっている。

③二重底（ダブルボトム，Double Bottom）

大型船の船底は，二重構造になっており，座礁などにより船底外板が破損した場合でも二重底にまで損害が及ばなければ浸水を免れることができる。最近は，海難発生時の流出油の防止という環境保護の面から二重底または外板が二重となった二重船殻構造（ダブルハル，Double Hull）が見直され，国際条約により新しく建造される原油タンカーも二重底構造とすることが義務づけられた。

3.2　横強力材

船が浮いているとき，船体には船の重力，水による浮力，水の圧力が加わる。これらの力に耐え，船体が横方向に変形しないようにしているのが横強力部材である。図2－12に示すように，デッキビーム，フレーム及び隔壁（バルクヘッド，Bulkhead）がある。船体を縦方向または横方向に仕切っている鋼板を隔壁といい，防水，防火，タンクの仕切りなどのために設けられている。衝突などにより損傷を被りやすい船首尾部，船の心臓部である機関室の前後には必ず水密隔壁（すいみつかくへき）を設けることになっており，縦方向のものを縦隔壁，横方向のものを横隔壁という。

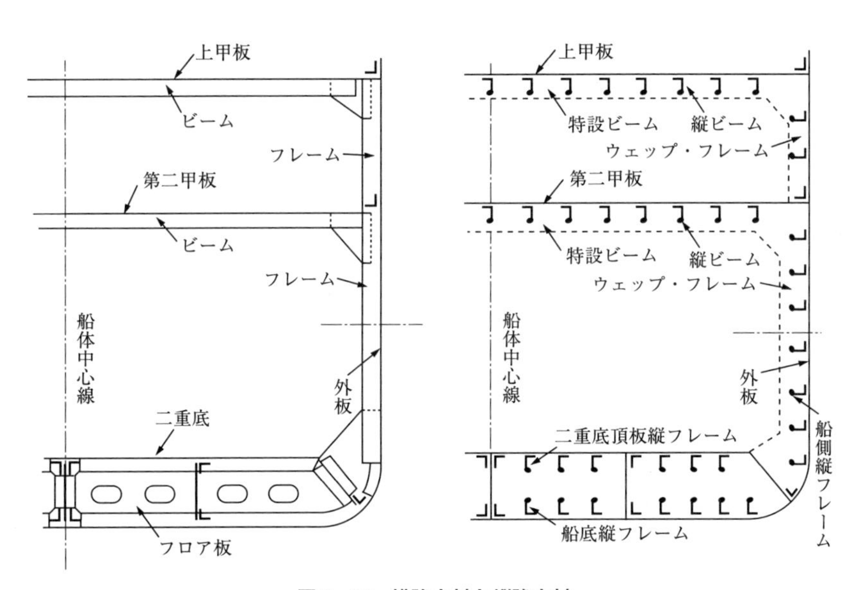

図2—12　横強力材と縦強力材

第4章　船の設備

艤装（ぎそう）とは，広辞苑によると，「船体が完成して進水してから，航海に必要な一切の装備を整えて就航するまでの工事の総称，またはその装置」とある。

安全な航海のためには，進水したままの船体に必要かつ十分な航海のための一切の諸設備，装置を装備しなければならない。船舶安全法に基づく鋼船構造規則や船舶設備規程などによる艤装品には，主機（しゅき）（メインエンジン），補機（ほき）（発電機）をはじめとして，係船装置，操舵（そうだ）装置，航海計器，通信設備，居住設備，貨物設備，通風設備，照明装置，防火設備，救命設備，荷役（にやく）設備などがある。これらを装備し，燃料油，清水，食料品，海図などを積んで，はじめて乗組員が乗り，旅客や貨物を搭載して，大洋を航海することができる船舶になるのである。

1　錨（アンカー）

1.1　錨の機能

錨に必要な機能は，次のとおりである。

①船舶を水上に係止するための重要な用具

　錨による洋上停泊，つまり錨泊のために必要である。

②回頭（かいとう）の補助としての利用

　推進器，舵のみでは回頭に十分の余地がない場合や風潮が大きく回頭（回転）が困難な場合，船尾から風潮を受けて回頭する場合など，重い錨をひきずることにより小回りの回頭ができる。

③風潮圧に対し船首の圧流を防止するための利用

　係岸，浮標係留の際，風潮によって船首または船尾がおとされることを抑制して船首を安定させる。

④狭い水域，河川などで移動する場合の利用

錨を重りとして，ひきずりながら移動すれば用心深く狭い水域を移動できる。

⑤応急処置としての利用

プロペラの逆転のみでは速力を低減できないとき，投錨（とうびょう）しその抵抗を利用する。大型船は，船首部の両舷に2丁，船尾部に1丁の錨を設け，錨鎖で錨鎖庫（チェインロッカー）とつながっている。錨は，揚錨機（ウインドラス）によって巻き上げられ船首両舷に収納される。

1.2　錨の各部名称

現在，ほとんどの船で使用されているストックレス（昔は，錨の腕木があったが，その部分がない）アンカー部位の名称は，図2-13のとおりである。

① アンカーリング（Anchor Ring）
② シャンク（shank）
③ パーム（Palm）
④ アーム（Arm）
⑤ ショルダー（Shoulder）

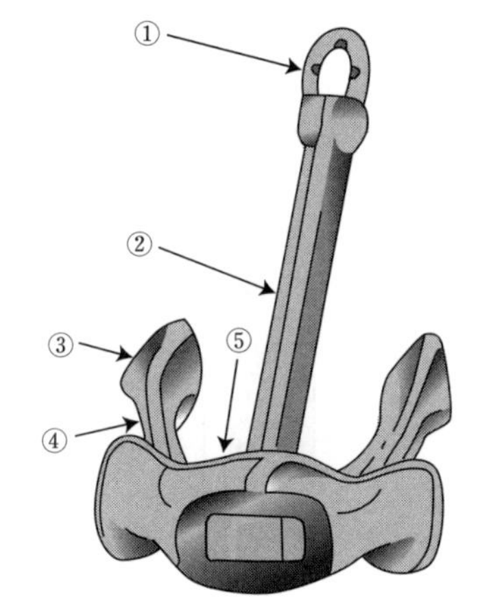

図2—13　ストックレスアンカー

1.3　錨（びょう）鎖（さ）（アンカーチェイン）

船の錨鎖庫から錨までの重い鎖であり，長さの単位は節（シャックル，shakle）で，その長さは25メートルである。大型船では片舷に12節以上の錨鎖を有している（図2-14）。

2　舵（かじ），操舵（そうだ）装置

2.1　舵（ラダー：Rudder）

舵は，紀元前のエジプト時代に，地中海で船の進行方向を変えるために櫂が用いられたことが起源といわれている。13世紀になって本格的な舵ができ，

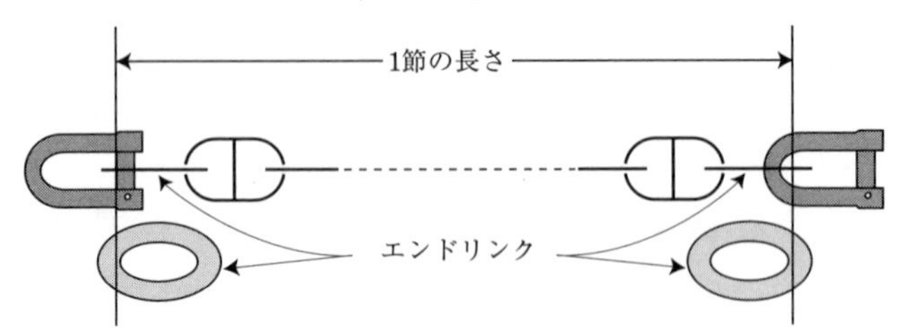

図 2−14　アンカーチェイン

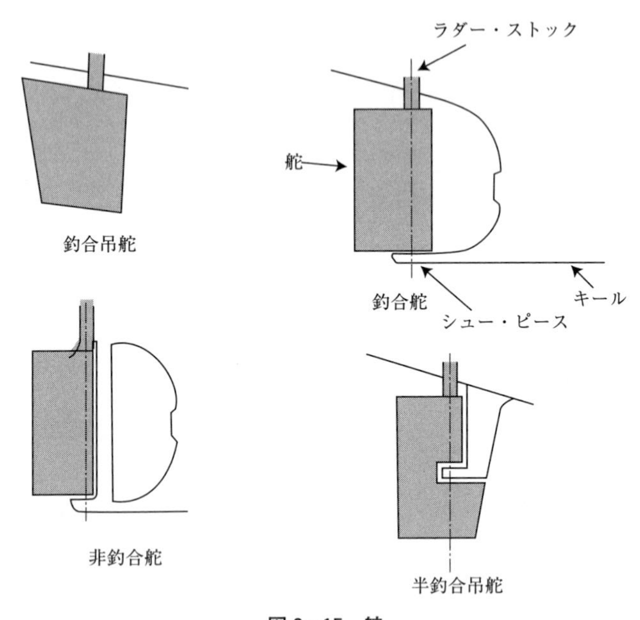

図 2−15　舵

それが進化して現在に至っている。舵は船の針路を保持したり，変更したりするためのもので，航走中抵抗とならず，保針性や舵効きが良いことが要求され，多くの種類が開発されている。図 2−15 に示すとおり，舵を回転させる軸の位置により次のとおり分類されている。

①非釣合舵（Unbalanced Rudder）

水圧を受ける舵面の全部が，舵の回転中心より後方にある。昔から使われており，普通舵とも呼ばれている。

②釣合舵（Balanced Rudder）

舵の回転中心から上下にわたって舵面があり，舵が回転する際の水圧中心が回転軸付近にくるようになっているもので，回転に要する力が小さい。

③半釣合舵（Semi Balanced Rudder）

舵の上部を非釣合舵，下部を釣合舵にしたものである。最近は，船舶の速度が大きく舵が受ける水圧力も大きいので，釣合舵や半釣合舵が一般的に利用されている。

2.2　新しい方式の舵

①フラップ付き複合舵

舵板の後端にフラップを付け，プロペラ排水流れを利用し通常の2倍の舵角（70度）をとることができ，出入港の頻度が高い船の操縦性能を高めている。

②シリングラダー

魚の形の断面形状の舵板とその上下にとりつけた整流板によりプロペラ排出流のほとんどが舵板（だはん）に当たり，排出流が舵効（だこう）として有効に利用できるようになっている。

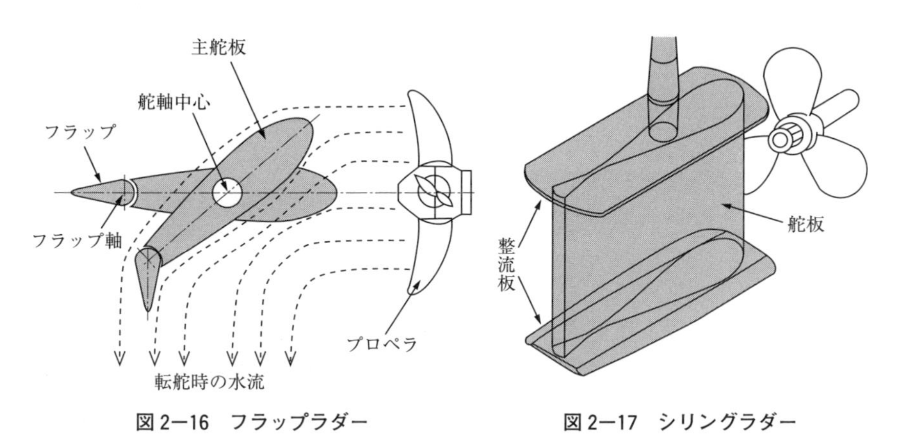

図2−16　フラップラダー　　図2−17　シリングラダー

2.3　操舵装置

小型船の舵は人力で動かすことができるが，船が大型になり舵も大きくなってくると人の力では動かすことができない。全長 60 m 以上の汽船は機械を用いた動力操舵装置（Steering Gear）を備えることが規定されている。操舵装置は，次の要件を満足するように考案されている。

① 1人で長時間操舵作業が可能であること。
② 大きな動力を必要としないこと。
③ 簡単な装置で故障がなく，広い場所を必要としないこと。
④ 迅速確実に操舵ができること。
⑤ 取扱設備が便利で作業に支障を与えないこと。

今日の動力操舵装置は，大部分が電動油圧操舵装置である。この仕組みは，船橋の舵輪（だりん）を電気信号に変えて舵機室に送り，舵機室で電動モーターにより油圧を発生させて油圧により舵を左右に動かすようになっている。また，ジャイロコンパスと組み合せて自動操舵が行えるようになっている。

3　係船装置（けいせんそうち）

船を岸壁，桟橋などに係留するための設備を係船装置（Mooring Arrangement）といい，ウィンドラス，ムアリングウィンチ，ビットなどがある。

3.1　揚錨機（ようびょうき）（ウィンドラス：Windlass）

写真 2−1 に示すように，錨を巻き上げる機械で電動，または油圧で動かされる。両端にはワービングエンドという，ロープを巻き込むための装置が設けてあるが，省力化のため，ロープをそのまま巻きつけておくホーサー・ドラムも一緒になっている。

3.2　ムアリング・ウィンチ（Mooring Winch）

写真 2−2 に示すように，係船索（けいせんさく）の巻き出し，巻き込みを行うためのウィンチである。大型船では船首部に 1〜3 台，船尾に 2〜4 台が設置されている。

写真2−1　ウィンドラス

写真2−2　ムアリング・ウィンチ

写真2−3　ボラード

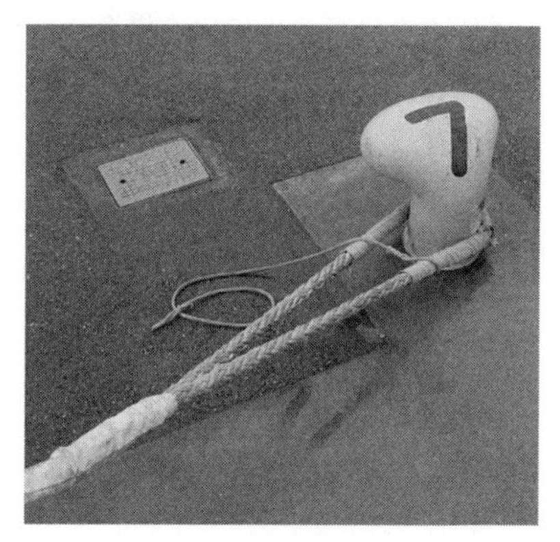

写真2−4　岸壁上のビット

写真2−5　フェアリーダ

3.3　ボラード，ビット（Bollard,Bitt）

ホーサーやワイヤーなどを係止するための金具をボラード，ビットという。船舶では写真 2−3 のように 2 本の柱を並列させたビットが用いられている。写真 2−4 のように，岸壁にも一定の間隔でビットが設置され，船から送り出した索の先端の輪（ボラード・アイ）をかけるだけになっている。船のビットとは異なり索がはずれにくい型になっている。

3.4　フェアリーダおよびムアリングホール

係船索を外板の外に出す場合，外板で急角度で曲ると索がすり切れて強度が弱くなるので，ムアリングホール（Mooring Hole）があり，丸みを持たせた金具で，チヨックとも呼ばれ索の折れ曲りを防止するようになっている。写真 2−5 に示すように，船体がうねりなどで前後に動いて索が擦り切れるのを防止するためにフェアリーダ（Fair Leader）があり，ローラーが取り付けてある。

4　救命設備

いざ，遭難した場合に，沈没しようとするその船から逃げ出さなければならない。18 世紀初頭に起こった悲しむべきタイタニック号の遭難では，最大搭載人員の約半数しか救命ボートに乗れない程度の装備であった。しかしながら，今では十分な救命設備（救命艇，救命筏など）が装備され，後述する衛星通信を利用した救助システムによって短時間で救助できるようになった。

4.1　救命艇

救命艇（ライフボート，Life Boat）は，今では合成樹脂などで作られた，海上で発見されやすいオレンジ色の長さ 7〜8 m のエンジン付きのボートである。荒天を想定し船内に空気タンクなどの浮力体が取り付けられている。タンカー用の耐火救命艇は，火の海の中を 8 分間，艇を密閉したままスプリンクラーで周囲を冷却しながら航走できる。内部には圧縮空気を備え，乗員が窒息しないようになっている。救命艇は，長期間の洋上漂流に備えて，オール，コンパ

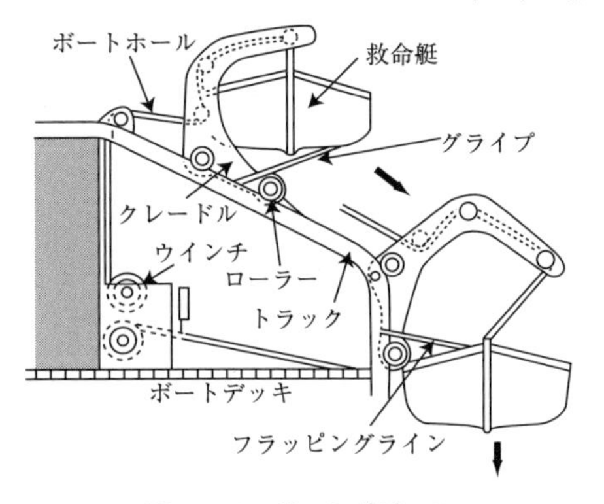

図2−18　ボートダビット

写真2−6　ライフラフト

ス，1人当たり3リットルの飲料水，1人当たり1万キロジュールの食料，応急医療具，釣道具，救命信号などが積み込まれている。

4.2　ボートダビット

救命艇を水面に降下させる装置をボートダビッド（Boat David）という。

図2−18に示すように，電力がなくてもボートの自重で自動的に降下する，重力型が一般的である。

4.3　ライフラフト

荒天の中で救命艇を安全に降下させることは非常に困難を伴う。そのため，膨張式救命筏（ライフラフト，Life Raft）は，ゴム製で通常はカプセル状のコンテナに収納されており，コンテナごと海面に投下すると，炭酸ガスにより自動的に展張する。船が沈没すると自動的に浮かび上がり海面で自動的に膨張して浮かぶ。その内部にも食料，水，応急医療具，救命信号などが備えられている。

国際航海に従事する貨物船（第3種船）では，右舷，左舷にその船の総乗船者数を収容できる救命艇を備え，加えて総乗船者数を収容できる救命筏を積載することが義務付けられている。すなわち，総乗船者数の3倍の定員の救命ボート（筏を含む）が備えられている。

5　消火装置

5.1　船内消火が困難な理由

船舶の火災は恐ろしいもので，次の理由で消火が困難である。

① 船舶は陸上から孤立しているため，自力だけの消火能力で対処しなければならない。

② 浮力，復原力，積荷，電気設備，消火後の排水などを考慮すると，必要最小限の水で消火する必要がある。

③ 密閉消火をしても熱伝導により隣接区画に拡がることがある。

④ 船体内部は区画が細かいため排煙が困難で火元の確認，人員脱出の安全が困難である。

⑤ 船内の塗料，積荷による有毒ガスの発生，密閉消火による酸素の欠乏などで人命の危険性がある。

5.2　防火構造，消火装置

海上における人命の安全のための国際条約では，次のような基本原則により防火構造や消火装置について詳細な規定をしている

① 船舶を防熱上および構造上の境界により長さ40メートルを超えない仕切られた区域に区分すること

② 居住区域を防熱上および構造上の境界により船舶の他の部分から隔離すること

③ 可燃性材料の使用を制限すること

④ いかなる火災も，その発生場所において探知すること

⑤ いかなる火災も，その発生場所内で抑止し，消火すること

⑥ 脱出設備および消火のための接近手段を保護すること

⑦ 消火設備を直ちに利用し得るようにしておくこと

火災を制御するための手引きとして，防火構造区域，火災警報装置，スプリンクラー装置，消火設備などが一目で分かるように記してある火災制御図を備

えることになっている。消火設備には，消火ポンプ，消火せん，消火ホース，持運式消火器，固定消火装置などがあり，タンカーには火災や爆発防止のため，貨物倉に不活性ガスを送るイナートガス装置が設けられている。

第5章　船舶の主機，補機および推進装置

船を推進させるために，人力（艪や櫂，オール）からはじまり，風力に発展し，今ではほとんどがディーゼル機関による機械力となった。推進力を発生する機関を主機といい，主機に付属する機械や推進以外の目的に使用する機械類を補機という。

1　主機としてのディーゼル機関の原理

ディーゼル機関（Diesel Engine）は，シリンダー内部で燃料を爆発燃焼させ，ピストンに往復運動を行わせこれを円運動に変える内燃機関の一種で，燃料消費量が少ないので多くの商船に使われている。

図2−19に示すように，ディーゼル機関の仕組みは，空気を圧縮し高圧にすると高熱になる性質を利用し，圧縮され高圧になったシリンダー内部に，次の工程で燃料を噴射し爆発燃焼させ，動力を得る。

① シリンダー内に空気を吸入

② 空気の圧縮

③ 燃料の噴射，燃焼

④ 燃焼ガスの排気

⑤ 再び空気の吸入

これを1サイクルとし，1サイクル行うのにクランク軸が2回転するものを4サイクル機関，1回転するものを2サイクル機関という。今日，使用されている最大級の低速ディーゼル機関は，89,640馬力である。大型船では2サイクルの低速ディーゼルが用いられ，主機と推進器が直結しているものがほとんどで，前後進の切替は主機自体の回転を逆にすることにより行われる。

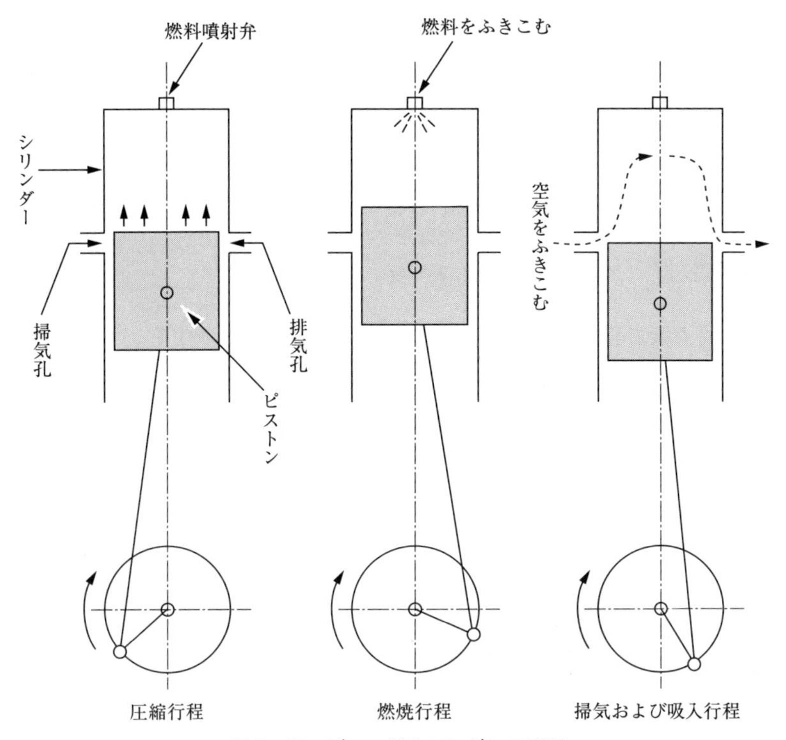

図2—19　ディーゼルエンジンの原理

2　補　　機

補機（Auxiliary Engine）には，航海中・停泊中を問わず必要なもの（発電機，雑用ポンプ，清水ポンプ，サニタリー・ポンプ，通風装置，冷凍装置など）と，主機運転中の際に必要なもの（空気圧縮機，冷却海水ポンプ，冷却清水ポンプ，潤滑油ポンプ・燃料清浄機，潤滑油清浄機，燃料供給ポンプ，燃料移送ポンプなど）に大別される。本書では，発電機だけを説明する。

船内には，航海計器，無線電信装置，各種のポンプ，照明，通風装置など電気を用いる機器がたくさんある。これらに供給する電気は，機関室内の発電機（Generator）で発電される。発電機には，ディーゼルエンジンを用いたディーゼル発電機の他に，主機排気ガスの余熱を利用した排気ガス・エコノマイザーによって発生させた蒸気を用いるタービン発電機，主機を発電機として使用する主機駆動発電機など種々のものがある。

欧州航路の某コンテナ船（73,800総トン）の場合，合計12,500 KVAの発電能力があり，この発電量は，わが国の平均的な家庭4千軒の消費電力に相当する。

3　推進装置（スクリュー，プロペラ）

船舶は，主機で発生した出力を推進装置に伝達して推進する。大型船のプロペラは，主機のディーゼル機関のクランク軸とプロペラ軸とが直結しており，殆どの場合，主機の回転数とプロペラの回転数は同じである。

在来型の固定ピッチプロペラ

ハイスキュー固定ピッチプロペラ

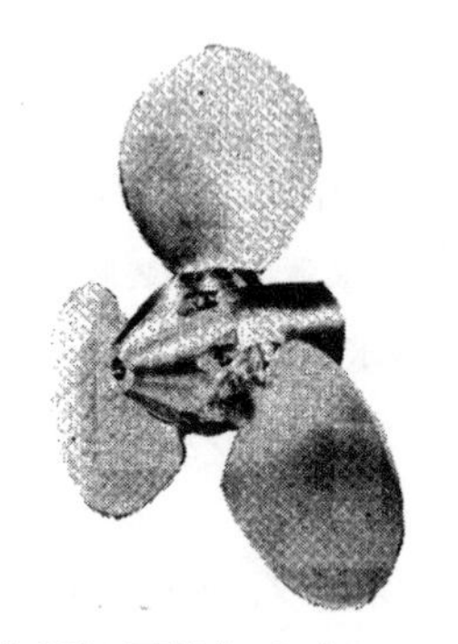

在来型の可変ピッチプロペラ

ハイスキュー可変ピッチプロペラ

図2—20　プロペラ

プロペラの動きは，ねじと同じで，プロペラは1回転するとねじ一山分進む。この1回転で理論的に進む距離をピッチ（Pitch）という。プロペラは，船体により不均一になった流れの中で回転するため，プロペラの発生する力も不均一なものとなり振動を起こす。振動を軽減させるため，翼をピッチ面にそって大きく湾曲させたハイスキュープロペラが開発され，多くの船で使われている。

翼が固定されピッチを変えることのできないスクリュープロペラを固定ピッチプロペラ，ピッチの変えられるものを可変ピッチプロペラ（CPP：Controlable Pitch Propeller）という。可変ピッチプロペラでは，プロペラの回転数および方向が一定でもピッチを変えることにより速度，前後進の変更を連続的に行うことができ，操船に大変有用である。図2－20に船のプロペラを示す。

4　サイドスラスタ

図2－21に示すように，海面下の船体の左右方向にトンネルをあけて，そこにプロペラをつけ，プロペラを回して船を横移動させる装置である。船首または船尾もしくは船首尾に装備することによって，船の横すべりが容易にできるようになり，操船性能が良くなる。船首に装備するものをバウスラスタ（bow thruster），船尾に装備するものをスターンスラスタ（stern thruster）という。駆動は電動機が多いが，エンジン，油圧式もある。操作は，船橋内から操船しながら遠隔操縦する。

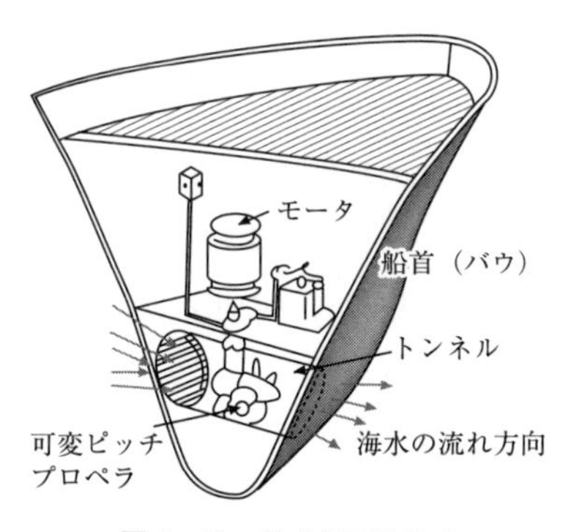

図2─21　サイドスラスタ

5　ジョイスティック操船装置

船を離着岸（りちゃくがん）するとき，船長はバウスラスタ，スタンスラスタ，可変ピッチプロペラ，舵などの各アクチュエータをそれぞれ独立して操作することによ

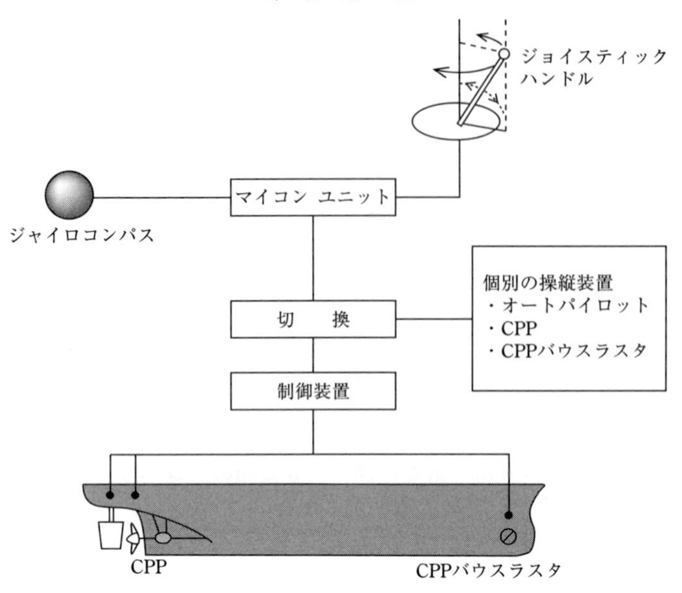

図 2−22　ジョイスティック操船装置

り，船体の制御を行うが，波，風などの外乱により，絶えず推力や舵角を調整するなど，複雑で頻繁な操作が要求される。

また，甲板員（こうはんいん）への指示，岸壁との間隔の確認など，多くの情報処理が一度に集中し，混乱してしまうことがある。このため，ジョイスティック操船装置は，図 2−22 に示すように，これらの独立した操作を統合した装置で，操船者は複雑な操作による疲労，緊張より解放され，人間でなくてはできない高度な判断に集中できるため，安全性が向上するとともに，効率的な離接岸作業を行うことができる。ジョイスティックとは操作レバーをいい，レバーを倒した方向に船が動くのである。

第6章　当直，航海日誌

船はドックにいるとき以外は，水に浮かび，速力がない場合でも揺れるなど常に動いている。生き船（イキブネ）という言葉があるが，生き物の状態が船の常態である。このことから四六時中，人間が輪番で当番している。このことを当直（ワッチ：watch）といい，船が航海中の場合の航海当直，船が錨泊中の場合の錨泊当直，岸壁係留中の場合の停泊当直がある。

1　航海当直

一般の大型船では，航海士（Deck Officer）と操舵手（Quarter master）の2人が4時間を当直時間として船橋で当直勤務についている。

① 0〜4時（12〜16時）「ゼロヨン」は2等航海士（Second Officer）

② 4〜8時（16〜20時）「ヨンパチ, ヨンパー」は1等航海士（Chief Officer）

③ 8〜12時（20〜24時）「パーゼロ」は3等航海士（Third Officer）

この時間区分は，海上経験や技量によって決められており，海難の発生が多いヨンパチを経験の深い1等航海士，比較的楽な時間帯に経験の浅い3等航海士が担当していることが多い。

船長からの指示命令を遵守しながら，次の職務を実行する。異変があれば船長に報告して指示を待つのが原則である。

① 海上交通法規を守り，他船を避航（ひこう）しながら，正確な船位を確認し，計画された航路上に船を進める。

② 航海に要する設備（航海計器，操舵装置，測程儀，測深儀など）の正常な運転を保持する。

③ 海象，気象の観測により天候の変化に注意し，異変があれば適当な処置をとる。

④ 信号の発受信をする。

⑤　航海日誌に記入する。

⑥　当直の引継ぎを厳正に行う。

2　錨泊当直（びょうはくとうちょく）

船の安全な錨泊状態を維持するための当直であり，通常は，実質的には，操舵手が錨泊当直を行い，異変があればその日の担当航海士または船長に報告する。錨泊中は，海底に錨を落とし，錨鎖を伸ばしただけの停泊であるから，気象海象の変化によって船が大きく振れ回ったり，錨が海底をすべって走錨（そうびょう）（錨がひけて船が移動してしまう状態）を起こすことがある。

次のことが，錨泊当直の具体的な目的となっている。

①　他船の行動や周囲の状況に注意する。

②　走錨の早期発見に努める。

③　荒天の兆しがあれば，船長に報告して指示を受け，双錨泊（2つの錨を使用）にしたり，錨鎖を伸長するなどの措置をとり，必要に応じ機関，舵を使用する。

④　錨泊に不安を感ずるときは，船長に報告して指示を受け，錨を入れている場所を変える転錨（てんびょう）など他の安全な海域に緊急避難する。

3　岸壁係留（けいりゅうちゅう）中の当直

岸壁に係留していても，船の保安のための当直がなされている。当直は操舵手が行い，異変があればその日の担当航海士または船長に報告する。

次のことが，岸壁係留中の具体的な目的となっている。

①　岸壁係留中といえど船の保安のために，気象，海象の観測情報に注意をする。

②　貨物の積揚および干満による吃水変化に注意して，係船索の伸縮を行う。

③　船内巡検を行い火気などに特に注意する。

④　来船者への応待，その他保安に関する。

4　航海日誌

ログブック（Log Book）といわれ，15 世紀に，航海中の速力を測るのに木片（ログ，Log）を投げ，その記録を重視したことからこの名がある。航海日誌は航海記録であり，次の種類がある。

①船用航海日誌（Ship's Log Book）

毎日正午までの運航状態，停泊状態，海難などに関する事項を転写または補填して，毎日船長に報告し署名を受ける。後日の重要証拠書類となるから船内に少なくとも 3 年間は保存しなければならない。

②公用航海日誌（Official Log Book）

船員法による常備書類として規定され，海難の発生，救難作業の従事，予定針路の変更，在船者の死亡または行方不明などの諸事項を記載するもので，必要に応じ管海官庁に提出しなければならない。法的日誌で船内に少なくとも 3 年間保管しなければならない。

③航海撮要日誌（Abstract Log Book）

航海状態ならびに運航実績などを船主宛に船長が報告する日誌で，会社により書式が異なっている。

5　標準海事通信用語

2001 年（平成 13 年），IMO は英語を共通語として，船と船，船と陸，船内で使用される正確，単純，明瞭な最新航海用語を編纂した。この背景には，英語による伝達がうまくいかずに起きる事故が後を絶たない不幸な事実があった。STCW 条約（1978 年の船員の訓練，資格証明および当直維持の基準に関する国際条約）によって，船員に SMCP（Standard Marine Communication Phrases：標準海事通信用語）の修得が義務づけられている。英語の得手・不得手に関わらず，国際標準の言い回しでゆっくり，はっきりと話し，メッセージが伝わるまであきらめないことが大切である。具体的な内容は，自船の情報の通報，操舵号令・機関号令・当直の引き継ぎ，投錨（とうびょう）・抜錨（ばつびょう）・錨泊，出入港，水先，VTS（船舶交通サービス）との交信，遭難通信，捜索救助活動，緊急通信・安全通信及び航行警報等々に関する通信用語である。本書では，SMCPの基本的な事柄のみを説明する。

①アルファベットの綴り

無線通信でアルファベットを「エィ」,「ビー」,「スィー」と読むと伝わりにくい。そこで,「エィ」を「アルファ，Alfa」という。日本でも「サ」を「サクラのサ」というがこれと同じである。船名や船舶無線局のコールサインを表す際に次表のコードが使用される。下線部を強く発音する。

A	Alfa	アルファ	N	November	ノベンバー
B	Bravo	ブラボー	O	Oscar	オスカー
C	Charlie	チャーリー	P	Papa	パパ
D	Delta	デルタ	Q	Quebec	ケベック
E	Echo	エコー	R	Romeo	ロメオ
F	Foxtrot	フォックストロット	S	Sierra	シィエラ
G	Golf	ゴルフ	T	Tango	タンゴ
H	Hotel	ホテル	U	Uniform	ユニフォーム
I	India	インディア	V	Victor	ビクター
J	Juliet	ジュリエット	W	Whisky	ウィスキー
K	Kilo	キロ	X	X-ray	エックスレイ
L	Lima	リマ	Y	Yankee	ヤンキー
M	Mike	マイク	Z	Zulu	ズール

例　What is your name of vessel？（貴船の船名は？）

The name of my vessel is Takusan –maru , Tango, Alfa, Kilo, Uniform, Sierra, Alfa, November, Mike, Alfa, Romeo, Umiform.（本船の名前はたくさん丸，タンゴ，アルファ，キロ，ユニフォーム，シィエラ，アルファ，ノベンバー，マイク，アルファ，ロメオ，ユニフォーム）

②メッセージマーカー

陸上から船舶及び船舶から陸上への通信，又は一般の無線通信では，内容を正確に伝えるために，次の８つのメッセージマーカーのうちの１つを本文の前に前置きして使用できる。指示（Instruction），勧告（Advice），警告（Warning），情報（Information），質問（Qustion），回答（Answer），要求

(Request)，意向（Intension)。

例　INTENSION. I will reduce my speed.（本船は減速する。）

③応答の言い方

質問に対する回答は，「はい，いいえ」だけでなく質問内容を続ける。

例　QUESTION.What is your present maximum draft？（基船の現在の最大喫水は？）
ANSWER. My present maximum draft is seven metres.（本船の現在の最大喫水は 7 メートル）

④遭難通信，緊急通信及び安全通信

MAYDAY（メーデー）は，遭難通信に用いる。具体的には，MAYDAY の後に数字 9 桁の MMCI コード（船舶識別コード：Maritime Mobile Service Identity Code)，船名，位置などを述べ，遭難の種類，必要な援助，その他を続ける。PAN PAN（パンパン）は，緊急通信に用い，SECURITE（セキュリティ）は，安全通信に用いる。

⑤交信開始段階の感度確認の言い方

例　How do you read me？（こちらの感度はいかが？）
I read you bad.（感度は最悪。）
感度の状態を次の 5 段階に分ける。one, bad（最悪）/two, poor（悪い）/three, fair（普通）/four, good　（良い)，five, excellant（最高）

VHF チャンネルの設定は次のとおり行う。

例　Stand by on VHF channel one six.（VHF チャンネル 16 で待機して下さい。）

⑥訂正の言い方

送信メッセージに誤りがあったときは，訂正する箇所を繰り返して言う。

例　My present speed is 20 knots. mistake. Correction. my present speed is 12，12 knots.（本船の現在の速力は two　zero ノットです。間違い。訂正。本船の現在の速力は，one two,one two ノットです。）.

⑦反復の言い方

メッセージ中，特に安全上，重要な点があるときは，次のように反復する。

例　Do not overtake－repeat－do not overtake.（追い越すな，繰り返す，追い越すな。）

⑧数字の言い方

数字は，次のように１つ１つ個別に言う。150 は，「one－five－zero」，2.5 は，「two point five」，ただし，操舵号令ように，舵角の場合 15 は，「fifteen」，20 は，「twenty」等を使う。

⑨位置・地点の言い方

緯度・経度を用いる場合，次のように言う。

例　WARNING.Dangerous wreck in position 12 degrees 34 minutes North，065 degrees 30 minutes West.（警告。北緯 12 度 34 分，西経 65 度 30 分に危険な遭難船舶あり。）

目標物件を基点に位置を表す場合，物件は，海図記載の顕著なものを使う。方位は，360 度方式の真方位で表す。

例　Your position is bearing 137 degrees from Tokyo Light Beacon distance 2.4 nautical miles.（貴船の船位は，東京灯標から 137 度 2.4 海里。）

⑩方位・針路の言い方

360 度方式と相対方位を使う。

例　Pilot boat is bearing 215 degrees from you.（パイロットボートは，貴船から 215 度の方向です。）

針路は常に 360 度方式で表す。

⑪距離，速力，時刻の言い方

距離には，海里またはケーブル（1 海里の 10 分の 1）を使い常に単位を付ける。速力はノット（特に断りがなければ対水速力を意味する。）で表わす。

時刻は，世界時 24 時間制で表わす。港または港湾で地方時刻を用いるときは，その旨を明示する。

例　My ETA at Pilot Station is 07：30 hours UTC.（本船のパイロットステーションへの到着予定時刻は世界時 07：30 です。）

第7章　気象・海象

船は水に浮いており，常に気象・海象の影響を直接受ける。大型船でも，まるで風船のように風や潮に流される。したがって，気象・海象情報は船の安全運航にとって重要である。最近では，きめ細かい情報が容易に入手できるようになったというものの，2004年（平成16年）に起きた海難において，「気象海象不注意」による貨物船の海難は3％，タンカーは2％，全体の船で5％を占めている。

1　風浪とうねり

1.1　波の基本的表現

波は，図2－23に示すように，波長（波の山から山，または谷から谷までの水平距離：wave length），波高（波の山から谷までの鉛直距離：wave height），周期（波の山または谷が通過してから，次の山または谷が通過するまでの時間：wave period），波速（波の山または谷が進む速さ：wave velocity），波の向き（波の進んでくる方向：wave direction）で表現される。

1.2　風　浪

風によって起こされる波を風浪という。風浪の特性を表すのに，有義波がある。有義波（significant Wave）とは，観測された波のうち，波高の高い方から全

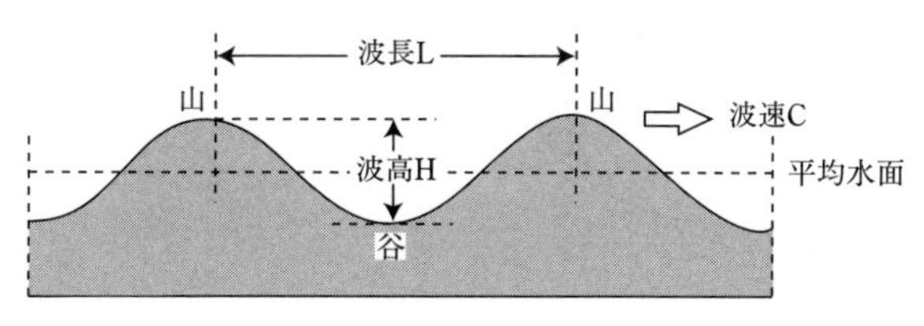

図2―23　波

体の3分の1までを取り出して，これらの波高と周期をそれぞれ平均したものである。

風浪が発達する場合，風速（wind velocity），吹走距離（すいそうきょり）（一定の風速の風が吹いている海面の風上側の距離：fetch）と吹続時間（一定の風速の風が吹き続ける時間：duration）の3つの要素が関係している。風速が大きく，吹き渡ってくる海面が広く（吹走距離が大きい），風の吹いている時間が長ければ風浪は大きく発達する。

1.3　うねり

風浪が発生域を離れて遠くまで伝わってくる，規則的でなめらかな波がうねり（swell）である。

2　潮汐（ちょうせき）

2.1　潮汐現象の原理

図2−24に示すように，月に近い側で引力が大きくなる。また，月と反対の側では遠心力が大きくなるために海水が集められる。月の方向と90度離れた側では，海面が押し下げられる。地球は自転するので，基本的に1日2回ずつ高潮と低潮が地球上の各地点を通過していく。地球上で実際に見られる潮汐は，不親則な海陸分布や水深などの影響のため，複雑に変化している。

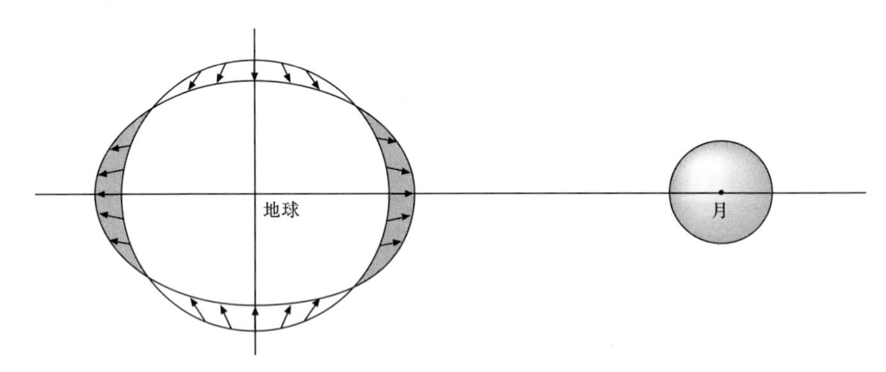

図2−24　潮汐の原理

月と太陽により，起潮力が生ずるが，月は地球との距離が近いため，太陽の約 2 倍の影響を及ぼしている。また，月が地球の自転と同じ向きに公転しているので，潮汐は 24 時間 50 分の周期となる。

2.2　潮汐に関する主な用語

① 高潮（こうちょう）（海面が最も高くなった状態，ハイウォータ，high water : HW）

② 低潮（ていちょう）（海面が最も低くなった状態，ロゥウォータ，low water : LW）

③ 上げ潮（海面が上昇しつつある状態，flood tide）

④ 下げ潮（海面が下降しつつある状態，ebb tide）

⑤ 停潮（ていちょう）（海面の昇降がほとんどない状態で，高潮時，低潮時およびその前後を含む，stand of tide）

⑥ 潮高（ちょうこう）（基本水準面から海面までの高さ，rise of tide）

⑦ 潮差（高潮と低潮の海面の高さの差，range of tide）

⑧ 大潮（新月または満月から 1〜2 日後に起こる潮差の大きい潮汐，spring tide）

⑨ 大潮昇（だいちょうしょう）（大潮のときの高潮の潮高，spring rise）

⑩ 小潮（上弦あるいは下弦から 1〜2 日後に起こる潮差の小さな潮汐，neap tide）

⑪ 小潮昇（小潮のときの高潮の潮高，neaprise）

⑫ 平均水面（高潮と低潮の中間の水面で陸地の高さはここから測られる。mean sea level）

⑬ 基本水準面（最低水面で，海図記載の水深はこの面から測られる。chart datum）

3　潮　　流

3.1　潮流とは

潮流（tidal current）とは，潮汐による海面の昇降に伴う海水の水平方向の移動である。潮流は，広い大洋では一般に微弱であるが，湾口や狭い水道などで

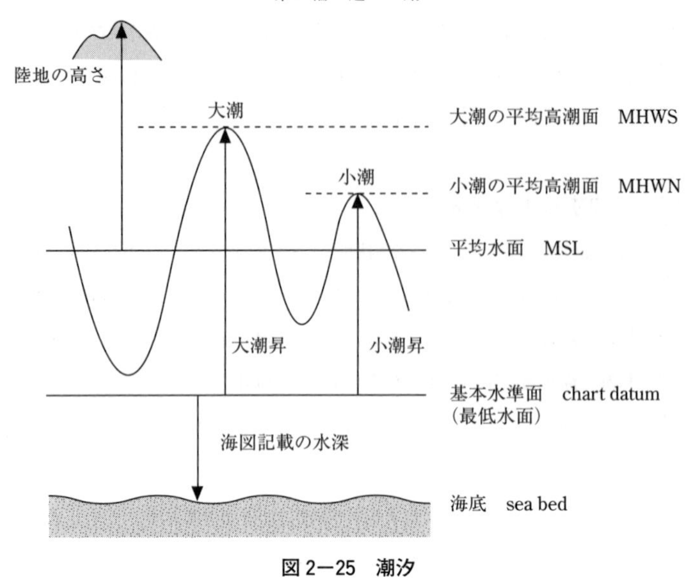

図 2−25　潮汐

は強くなり，操船に影響を与える。たとえば，瀬戸内海西部の来島（くるしま）海峡では最強約 10 ノットの潮流がある。

潮汐表により，主要な湾口，水道，海峡などの転流時，最強時や流向・流速を知ることができる。その他の地の流向・流速は標準地点の値を改正してその概値を求める。

3.2　主な基本用語

①上げ潮流（flood current）

低潮から高潮の間の潮流で，沖合から沿岸へ，河口から上流へ流れる。

②下げ潮流（ebb current）

高潮から低潮の間の潮流で，上げ潮流と逆の方向に流れる。

③憩流（けいりゅう）（slack water）

潮流の向きが変わるとき，流れがゆるやかになった状態をいう。

4　海　　流

海流（ocean current）は，主として風によって引き起こされる，ほぼ一定の方向の流れである。流速の大きいものもあり，たとえば黒潮は3〜5ノットに達する。したがって，これにのって航行すればそれだけ対地速力は増すことになり，昔から航海に利用されている。

また，海流の水温と周囲の水温とを比較して，相対的に海流の水温が高いものが暖流（warm current），低いものが寒流（cold current）と呼ばれる。

海水は海洋の内部で循環しており，太平洋の海流は図２−26のとおりである。

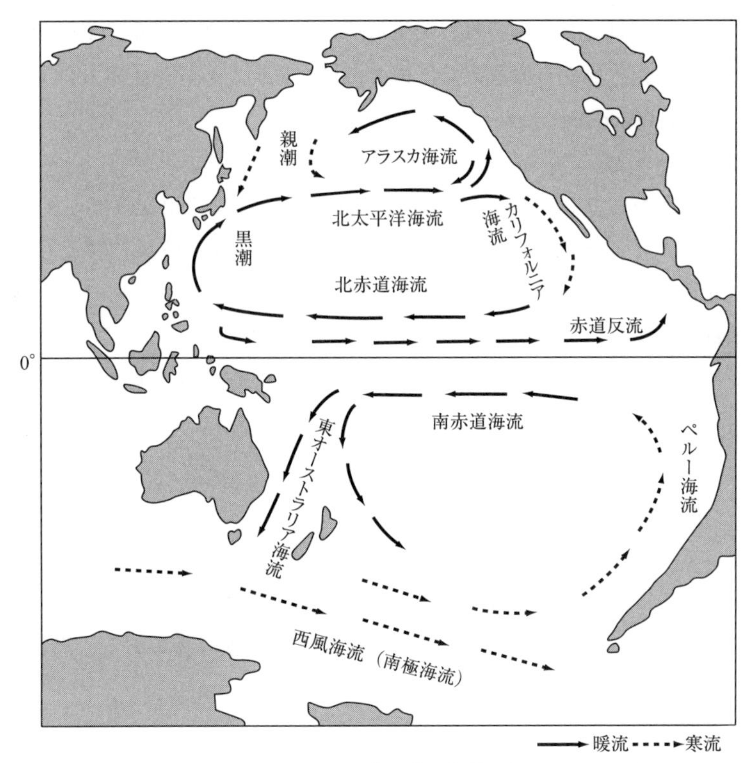

図２−26　太平洋の海流

5　航海と霧

レーダがあるとはいうものの，人間の目に勝るものはない。船橋当直をする航海士は，昼夜を問わず視界の善し悪しを気にするものである。霧は航海の安全を阻害する気象現象の主なものの1つであり，発生の状況が複雑なため，特定の場所における発生の予測は困難といわれている。気候的にみた場合，主な発生海域あるいは発生時期に関して，次のことがいわれている。

5.1　日本近海の霧

①黄海及び中国沿岸

出現期は3月から7月，発生海域はしだいに北上する。気温が上昇した空気が大陸から流れ出し，海水温度が低いために生ずるもので，沿岸霧（land and sea breeze fog）とよばれる。

②日本海北部

4月から7，8月頃，沿海州に沿って最もよく出現する。対馬（つしま）海流（暖流）で暖められた空気が，寒冷なリマン海流の流域に移流して発生する。

③瀬戸内海

出現期は4月～7月，海上交通の輻輳している狭い海域なので，船舶に及ぼす影響はきわめて大きい。

5.2　世界の海域の有名な霧

①ニューファウンドランド沖

メキシコ湾流上の暖い空気が，ラブラドル海流の上に流れ出してできるもので，わが国の親潮流域に匹敵する大規模な霧である。出現期は4月から8月である。

②北米西岸のカリフォルニア沿岸

寒冷なカリフォルニア海流の上に暖気が移流して発生する。この海域で年間を通して霧が見られる。

③南米西岸

出現期は1月から4月，ペルー海流の流域でよく発生する。

④南米東岸

ラプラタ川河口付近で，年間のほとんどフォークランド海流の流域で発生する。

⑤アフリカ南西岸

ベングェラ海流の流域で発生する。

⑥北海，バルト海

海面から湯気のように立ち上る蒸気霧で 1，2 月に発生する。

6　前　　線 (Front)

前線とは，図 2－27 に示すとおり，性質の異なった2つの気団（一様な性質の空気のかたまり）がぶつかりあってできるものである。前線を境として，風向・風速，雲，降水，視程，気温，湿度などが著しく変化する。寒冷前線は，寒気団が暖気団を押しのけて進む前線で突風としゅう雨性の降水を伴う。一方，温暖前線は，図 2－28 に示すとおり，暖気団が寒気団を押しのけて進む前線で，連続性の降水を伴う。

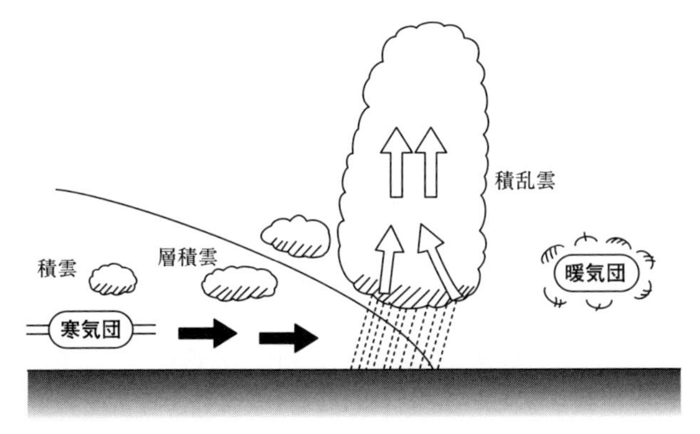

図 2—27　寒冷前線の断面構造

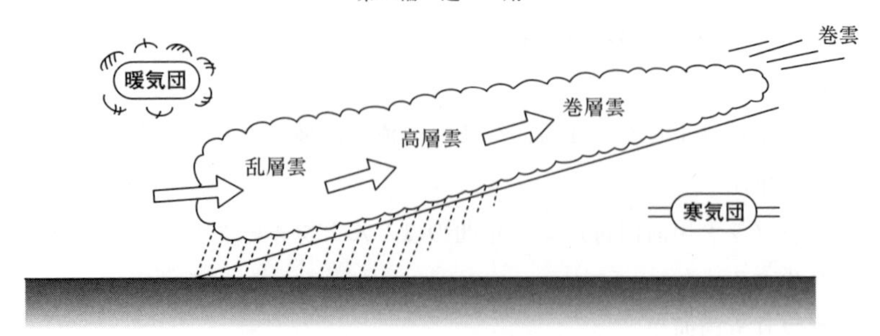

図 2−28　温暖前線の断面構造

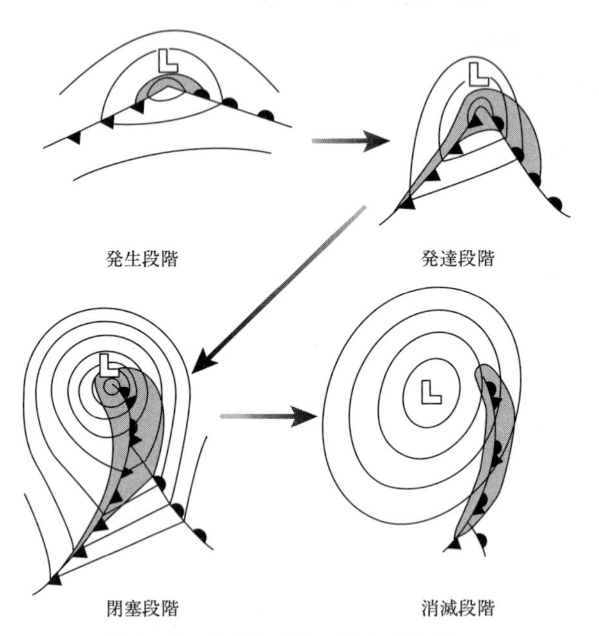

図 2−29　温帯低気圧の発生から消滅まで

7　温帯低気圧

温帯低気圧とは，寒帯前線が折れまがって南北に波打ち，これが発達して低気圧になるという説がある。温帯低気圧は，寒気団，暖気団の位置のエネルギーがエネルギー源で，寒気と暖気の補給によって発達する。図 2−29 に発生から消滅までの段階を示す（グレー部分は降水域）。

⑴発生段階

前線の波動が大きくなり，折れ曲がったもののうち，南西部は寒冷前線に，南東部は温暖前線に変化する。

⑵発達段階

前線の折れ曲がりが大きくなり，気圧の中心示度は低下を続ける。

⑶閉塞段階

寒冷前線が温暖前線に追いついて閉塞前線を生ずる段階で，低気圧としての勢力はこの時期がもっとも強い。

⑷消滅段階

暖気の補給が途絶えて寒気だけの渦巻きとなり，中心が消え去り消滅する。

8　熱帯性低気圧

8.1　種　　類

⑴台　　風（typhoon）

東経 180 度以西の北太平洋で発生するものをいい，年間発生数は，最近の統計によると平均 27 個である。

⑵ハリケーン（hurricane）

ハリケーンとよばれるものには，東経 180 度以東の北太平洋で発生するもの，北大西洋・カリブ海・メキシコ湾で発生するもの，南太平洋のオーストラリア東方から西経 130 度付近までの海上で発生するものがある。

⑶サイクロン（cyclone）

インド洋およびアラビア海，ベンガル湾で発生するものをいう。

8.2　可航半円と危険半円

熱帯性低気圧における風速分布は，北半球では，熱帯低気圧の進行方向の右側では，低気圧全体の移動方向と風の方向とが一致するため風速が大きくなる。また，熱帯性低気圧の進路前方の船舶は，右半円の場合，中心に向って吹き寄せられることになる。この理由から，右半円は危険半円（dangerous semicircle）と呼ばれている。また，進行方向の左半円では風速も比較的小さく，進路前方の船舶も中心から遠ざかる方向に吹き流されるため，可航半円（navigable-semicircle）と呼ばれているが，可航半円といっても，中心付近は風波も大きいので，可能な限り避けて運航すべきである。

熱帯低気圧に伴う波高の分布は，一般に進行方向右斜め後方に最大波高域があるとされている。熱帯低気圧に伴う波浪で，船の運航上とくに注意しなければならないのは，中心部の目の内部では異なった方向からの波が干渉して三角波（pyramidal wave）が生ずることである。

8.3　熱帯低気圧を避航する原則

最近では気象衛星からの情報などによって早期にその接近が探知できるが，昔から北半球で適用できる，熱帯低気圧の移動方向を示す原則が言い伝えられてきた。

(1)RRR（右半円・右舷船首・針路右転）の法則

熱帯低気圧の右半円では，風を右舷船首に受けて航行すれば，風が右転す

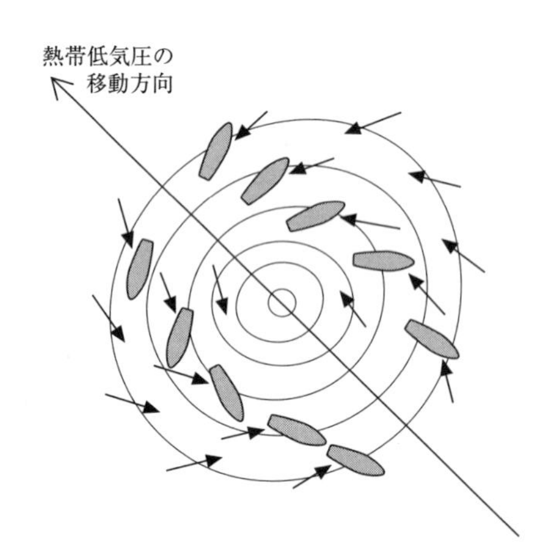

図 2−30　RRR，LRL の法則

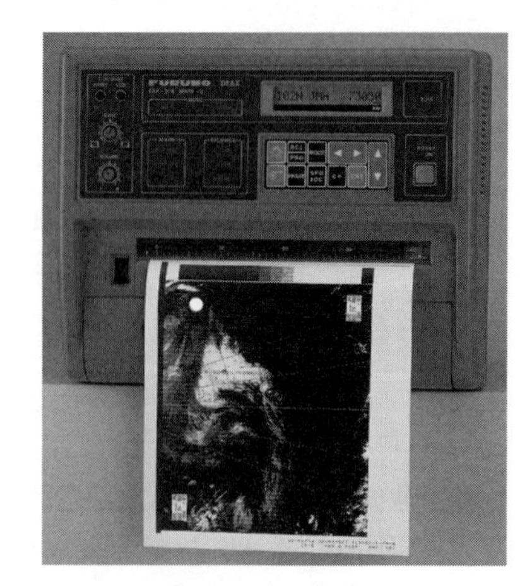

写真 2−7　気象 FAX

るにつれて針路もしだいに右転してゆき,中心を避けて後方に脱出できる。

⑵LRL（左半円・右舷船尾・左転）の法則

熱帯低気圧の左半円では，風を右舷船尾に受けて航行すれば，風が左転するので針路もしだいに左転して，中心を避けて後方へ脱出できる。

9　航海に利用されるFAX図

昔は，無線通信による気象通報から船の無線通信士が地上天気図を描いていた。今では多くの気象資料がFAXによって船に送られている。船舶の運航に利用されるFAX図は多くの種類があるが，ここでは，その一部を図2−31，気象FAXを写真2−7に示す。図は，外洋波浪24時間予想図（FWPN）で，曲線は等波高線で矢印は卓越方向を示しており，船舶の運航にとって極めて有用なものである。

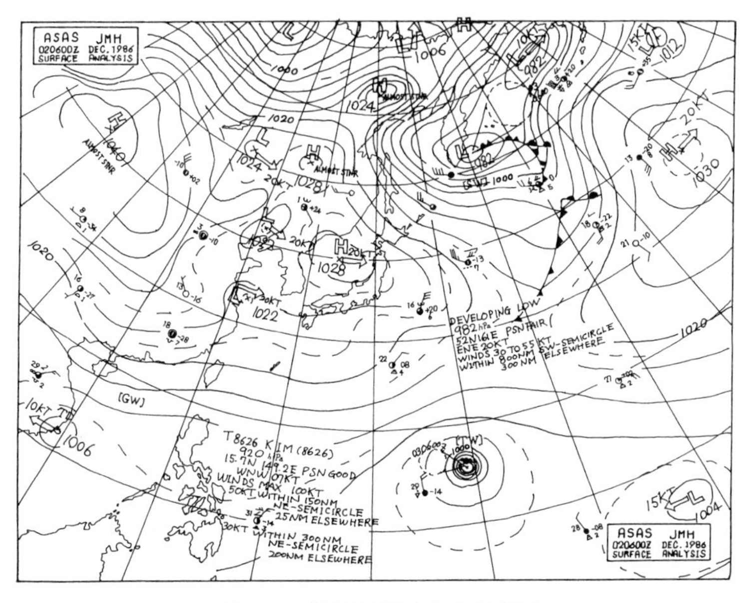

図2−31　航海に利用されるFAX図

第8章　操　　船

操船（そうせん）とは，船の操縦（Manoevering）を意味する。水に浮んで風や潮の影響ををまともに受ける船を操縦するのは，他の交通機関に比べ簡単ではない。

1　舵による操縦性能

すぐに舵が効き（追従性がよい），船が小回りで旋回し（旋回性能がよい），フラフラせず安定している（針路安定性が良い）船が操船しやすい船である。

1.1　操舵号令（そうだごうれい）

船長や航海士の号令を操舵手は，直ちに復唱（アンサーバック）して舵をとる。舵をそのとおりに取ったら後で「そのようになりました」という意味で，再度，その号令を繰り返す。例えば，つぎのようなやりとりが入出港時の船橋で頻繁に，間髪を入れずなされている。

船　長：「スターボード」と号令する。
操舵手：「スターボード」と復唱して舵輪（ホイール）を回して舵を右15度にとる。舵の動きを示す舵角指示計が15度右に回ったことを確認して，「スターボード・サー」
船　長：「サンキュー」，しばらくして「ミジップ」と号令する。
操舵手：「ミジップ」と復唱し，舵輪を中央に戻す。舵角指示計が中央に戻ったことを確認し，「ミジップ・サー」
船　長：「OK」

操舵号令は，IMO（国際海事機構）の標準操舵号令があり，伝統的に常用されている主なものは，つぎのとおりである。

①スターボード・フィフティーン「starboard fifteen」

舵角を右に15度回すときに使う号令である。

②ポート・フィフティーン（port fifteen）

舵角を左に15度回わすときに使う号令である。

③ハード・ア・スターボード（hard a starboard）ハード・ア・ポート（hard a port）

ハードとは一杯（hard over）のことで，「舵を一杯」という意味で，それぞれ左右に最大舵角（35度）の舵をとって保つ。

④ミジップ（mid ship）

「舵を中央（舵角0度）に」という号令である。

⑤スターボード・テン（starboard ten）

「舵角を右に10度」という号令である。なお，10度以外の任意の舵角でも勿論使用される。

⑥ステディ・アズ・シー・ゴーズ（steady as she goes）

発令時のコンパス示度に船首を定針させるときに用いる。

⑦ナッシング・ツー・スターボード（nothing to starboard）

針路の右に浅瀬などの危険な場所があるときなどに，「右の方に船首を振らせるな」という意味の号令である。

1.2　変針号令

針路の変更を，コースそのものを指定して行う場合は，現在の針路から舵を右に切るか左に切るかをまず指定し，その次に新しい針路を指定して行う。例えば，

船　長：「ポートスティア　085　(Port steer 085（zero eight five と読む）」と号令する。

操舵手：号令を繰り返し「ポートスティア 085，サー」と副唱し，その針路にゆっくり船を合わせ，針路が定まったら，「Steady on 085, Sir」と告げる。

船　長：「OK」

1.3　旋回運動

① 図2－32に示すように舵を一方にとれば，舵板に水流があたり舵圧が生ずる。

② 船尾がキック（転舵直後に舵圧の横方向の作用によって船尾が回頭舷の反対舷に押し出される）する。

③ 図2－33に示すように，その舵圧による回転モーメントで舵をとった方向に船首は回頭を始める。

④ 旋回の初めは，舵圧により少し回頭側に内方傾斜するが，旋回するにつれて内方傾斜より大きい遠心力が働き，回頭の反対側に傾斜する。

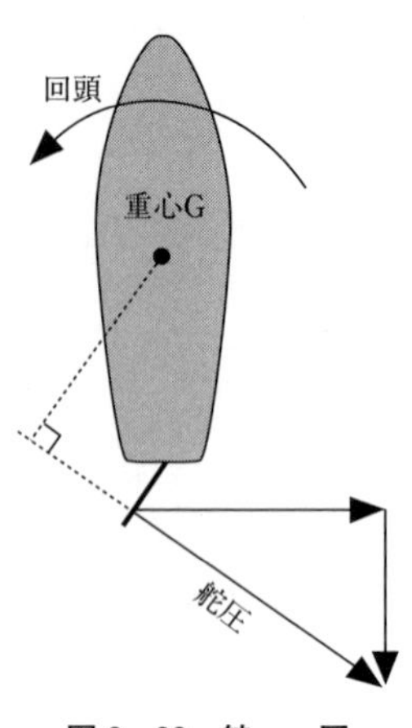

図2―32　舵　　圧

⑤ 90度を超えて回頭するまで縦方向に最大縦距だけ進出し，180度を超えて回頭するまで横方向に最大横距だけ張り出して回頭を続ける。

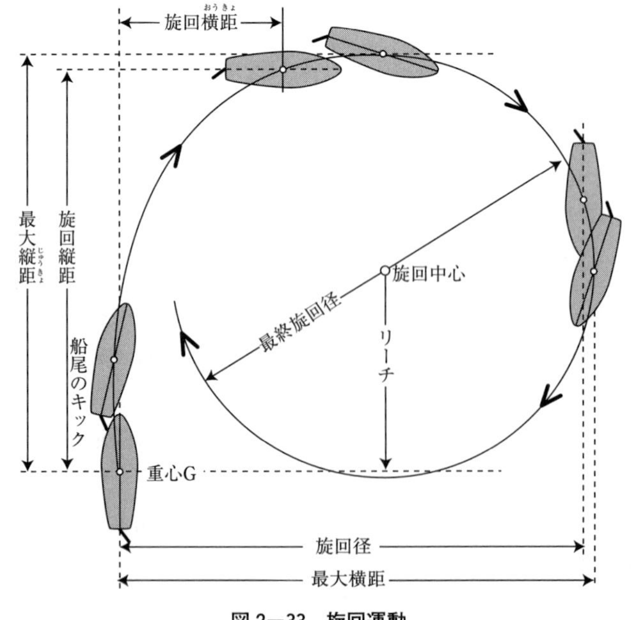

図2―33　旋回運動

⑥　1回転の回頭を最終旋回（その半分をリーチという。）で終える。

旋回圏（せんかいけん）の大きさに影響する諸要素は次のとおりでる。

a　舵角を大きくすれば旋回径は小さくなるが，最大舵角35度以上ではあまり小さくはならない。

b　吃水，トリム……吃水は深い方が，トリムは船尾トリムの方が旋回径は大きくなる。

c　水線下の形状……細長いやせ形のスマートな船は旋回抵抗が大きく旋回圏は大きくなる。

2　船の運動性能

2.1　船体抵抗

船が水面を走ると，空気抵抗と水抵抗を生ずる。水抵抗には摩擦抵抗と造波抵抗（ぞうはていこう）がある。低速では摩擦抵抗が9割程度を占め，高速になると造波抵抗が増える。造波抵抗は，図2－34に示すように，船首から左右に広がる八の字波と，船体が前方へ進出するために生じる横波のために船の前進力を減らそうとする抵抗となるものである。この抵抗を少なくするため最近の船は球状（きゅうじょう）船首（バルバスバウ，bulbous bow）を採用している。概して船の抵抗は速力の2乗に比例して増減する。

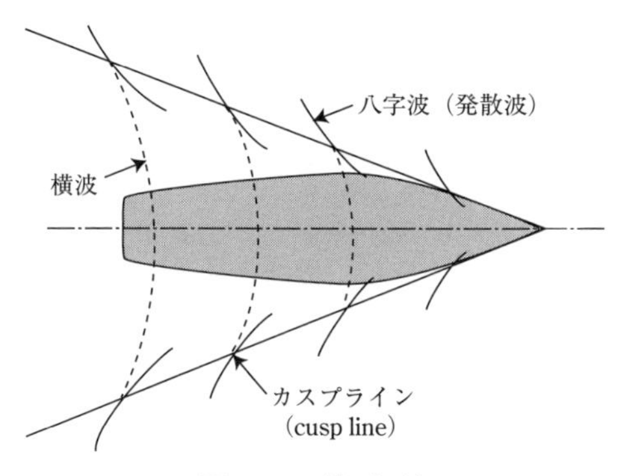

図2−34　航走波

2.2　プロペラ流の作用

プロペラ流の流れによって船体は偏向する。

⑴放出流（ほうしゅつりゅう）の作用

図2－35に示すように，前進時，プロペラが右回りをして後方に放出する放出流は，左舷側では舵面の上部を，右舷側では下部を圧するが，下部

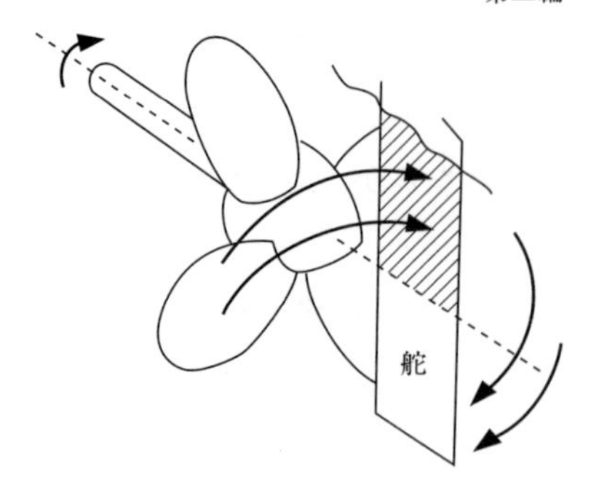

図 2—35　放出流の影響（前進時）

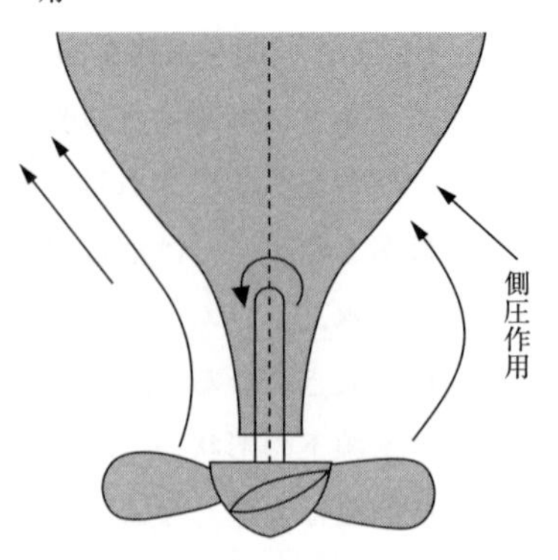

図 2—36　放出流の影響（後進時）

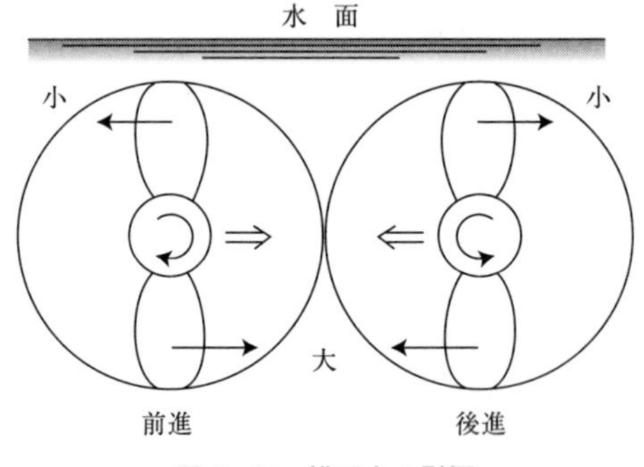

図 2—37　横圧力の影響

舵面積にあたる水の流入角が大きいので，舵面を左舷方に押す舵圧の方がすぐれ右回頭を助長する。また，図 2－36 に示すように，機関を後進にかけると，放出流は船尾から船首の方へ左回りしながら放出される。

このうち右舷側の放出流は船尾船底側を直角に近い角度で押すが，左舷側の流れは船底側にそって流れる。このため船尾を左舷方に強く押す結果となる。

⑵横圧力の作用

図 2－37 に示すように，前進中の右回り 1 軸船では，上方のプロペラ羽根は左舷方に，下方の羽根は右舷方に働く。この力の大きさは，羽根が水面に近づくと空気の吸い込みや泡立ちのため小さくなるので，上羽根と下羽根の反力に差ができ，下羽根にできる大きい反力の方に船尾が押される。前進時は，プロペラが右回りのため船尾を右舷の方へ，後進時はプロペラが左回りのため船尾を左舷の方へ押すことになる。

2.3　船の馬力

主機関（main engine）内で発生した馬力がプロペラに伝わり，船を走らせるまでにはいろいろな機械摩擦があり，約半分近くに減少した馬力が船の推進に使われている。馬力と速力の関係について，馬力は速力の3乗に比例して増減するとみられるから，たとえば，25%速力増加は2倍の馬力増加を要し，また，主機関馬力を半分にしても，0.8倍の速力減少にとどまる。主な馬力の種類として次のものがある。

①指示馬力

主機関のシリンダ内で発生する馬力

②制動馬力または純馬力

機関内部で消費される馬力損失を除き，機関が外部に出す実際の馬力

③有効馬力

船体抵抗に打ちかって船を走らせるために必要な馬力

2.4　速　　力

1時間の航走距離1海里を単位とするノット（節，ノット，knot）で表わす。前進速力（アヘッド，ahead）と後進速力（アスターン，astern）がある。後進速力は前進にくらべてプロペラの効率が悪く，後進出力も小さいので，後進速力は前進速力の約6割となる。最近では，船橋で直接機関出力を制御する船も増えつつあるが，一般的に大型船では，出入港時の船橋からの機関指令をエンジンテレグラフを使用して機関制御室にいる機関士に伝え機関制御がなされていた。その呼称は次のとおりである。

呼　称	英　名	おおむねの速力比
前進全速	Full ahead（フル・アヘッド）	1.0
前進半速	Half ahead（ハーフ・アヘッド）	0.7
前進微速	Slow ahead（スロー・アヘッド）	0.5
前進極微速	Dead slow ahead（デッドスロー・アヘッド）	0.3

後進の場合はahead（アヘッド）がastern（アスターン）となる。

2.5　船の惰力

たとえば，前進中，急に機関停止しても，なお相当の距離を走り，回頭中に舵を中央に戻してもなお回頭を続ける。この惰力が自動車などの交通機関と大きく異なる部分で，操船をするうえでは，極めて重要なことである。

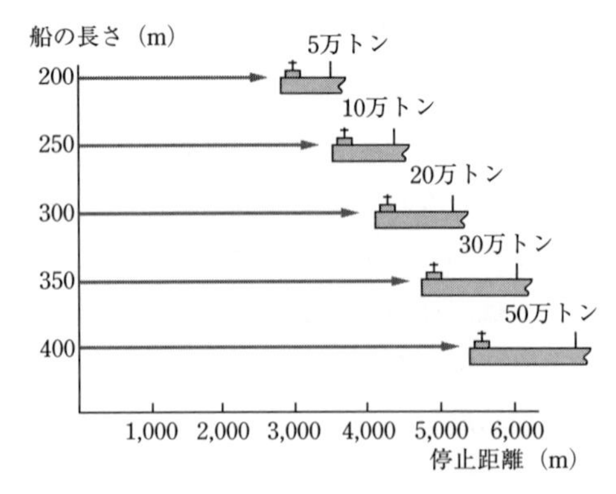

図 2−38　標準最短停止距離

惰力の種類は次のとおりで，これらの値が小さいほど操縦性能はよく，一般に大型船になるほど値は大きくなる。

(1)発動惰力

停止中の船が前進全速をかけたとき，速力が全速力になるまでの惰力をいう。

(2)停止惰力

前進中の船が機関停止したとき，船の対水速力が２ノットになるまでの惰力をいう。

(3)反転惰力

前進中の船が後進をかけて対水速力がなくなるまでの惰力をいい，停止距離を表わす。操船上最も大切な惰力である。全速前進中，機関を全速後進にかけて船を停止させるまでの進出距離で，これを最短停止距離（short stopping distance）といい，衝突回避などに重要な運動性能の１つである。

最短停止距離に影響を及ぼす要因は次のとおりであり，標準的な最短停止距離は図２−38に示すとおりである。

①船の形状（肥え方）

同じ後進推力では，肥えた船ほど長くなり，やせた船ほど短くなる。

②吃水の大小

満載状態になるほど長くなる。

③主機関の種類

ディーゼル船は，後進の発動も早くプロペラの回転数も大きいので早くとまるが，タービン船は，後進の発動に時間がかかるので停止距離は長くなる。

④外力の影響

向い風の場合，船底の汚れがある場合は，停止距離が短くなる。

(4)回頭惰力

転舵後，船の回頭角速度が一定になるまでの惰力と舵を中央にもどしたときから回頭が止まるまでの惰力をいう。

3　操船に及ぼす外力の影響

安全で効率的な操船をするには，船の運動性能を知り，風，波乱潮流，水深などの影響についても，十分熟知しておかなければならない。

3.1　風の影響

風を船首から受けると減速し船尾から受けると増速する。船首尾線以外の舷側から風を受けると，船は横に圧流されながら船首が偏向する。

(1)　前進中は船首が風上に切上る。

(2)　後進中は船尾が風上に切上る。

(3)　停止中またはこれに近い低速時には，正横より斜め少し後から風を受けた状態で圧流される。

3.2　波浪の影響

船の揺れには，図2－39に示すように，次のパターンがある。

①横揺れ（ローリング，rolling）

船が左右に傾くように揺れる。

②縦揺れ（ピッチング，pitching）

船が前後に傾くように揺れる。

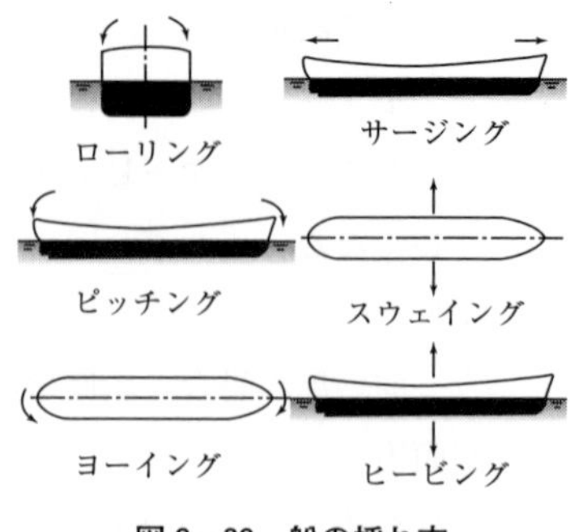

図 2—39　船の揺れ方

③ヨーイング（左右揺れ，yawing）

船が左右に振れるように揺れる。

④ヒービング（上下動，heaving）

船全体が上下に移動するように揺れる。

⑤スウェイング（左右動，swaying）

船全体が左右に移動するように揺れる。

⑥サージング（前後動，surging）

船全体が前後に移動するように揺れる。

大波の中を航走すると，うねりや波浪の影響を受け，操船が困難となる。船の揺れ方のうち，操船で特に注意しなければならないのは次の揺れである。

(1)　大きい波浪がある場合，船首揺れ（船首が左右に振れる揺れ，ヨーイング，yawing）が大きくなり保針が困難となる。

(2)　波との出会い周期と船の縦揺れ周期が一致すると，同調して動揺が激しくなり操船が困難となる。とくに縦揺れが同調すると船首底部を強く波面に打つスラミング（前部の船底を波浪に叩かれるときに生ずる衝撃，slamming）が激しくなる。

3.3　潮流の影響

潮流は，船体を一様に流そうとするので船の回頭作用を生じることはないが，対地速度は順流で早く，逆流で遅くなる。このため，逆潮時には舵圧が増加して舵効きが良くなり，順潮時には舵効きが悪くなる。

3.4　水深の影響

船は，次のような浅水影響（せんすいえいきょう）（シャローウォータ・エフェクト，shallow water effect）を受ける。

(1)　一般に水深が吃水の 10 倍以下になると浅水影響が出はじめ，船体抵抗は増え，1.2以下になるとさらに速力の減少が目立つようになる。

(2) 浅水では船体全体が沈み，船首トリムが大きくなり，船尾沈下が起こる。したがって，水深が契水の1.1倍以下の浅さになれば底触するおそれがある。

たとえば，マラッカ海峡を通航する深吃水船（吃水15メートル以上）や超大型船（DW 15万トン以上）の余裕水深については，少なくとも3〜5 mを確保して通航すべきとされている。また，通常の余裕水深は，満載契水の10%とされている。

3.5 制限水路の影響

図2−40に示すように，運河のような制限水路（水深が吃水に対して浅く，水路が船幅に対して狭い水路）を通る船は，浅水のため側方へ流れる水流がさらに制限され浅水影響が強く表れる。また，側壁（そくへき）の影響を受けて不安定な回頭作用が生じて保針安定性が悪くなる。

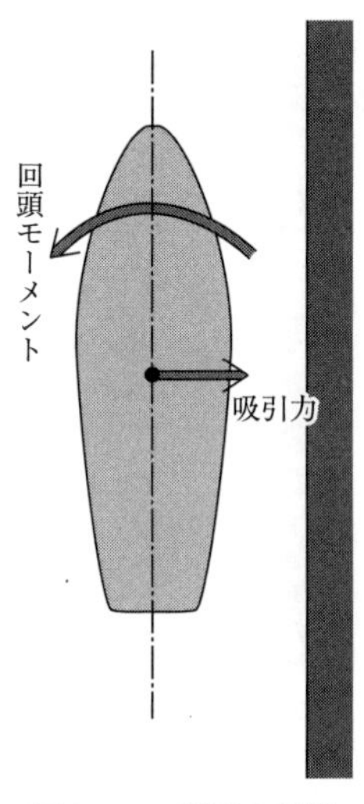

図2−40 側壁の影響

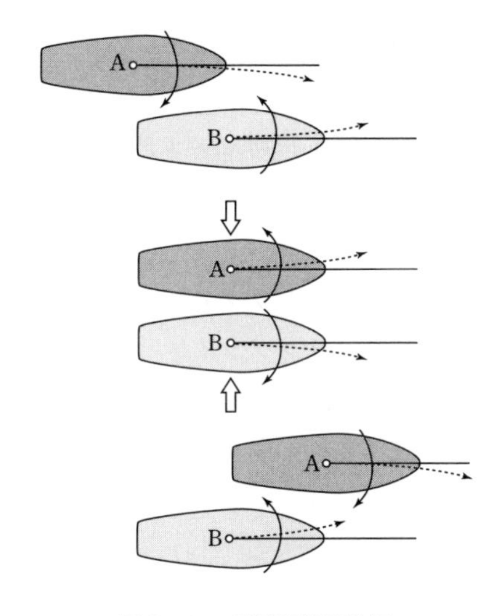

図2−41 船舶間相互作用

3.6　2船間の相互作用

船が走ると，船首部圧力増となって水位が盛り上がり，船側は流れの加速で圧力減となって水位は下がる。他船が接近して追い越すか行き会うとき，並航する2船の船間々隔が近づくと，両船の船体周りの水圧分布に差を生じ，両船の重なり具合で船首が吸引されたり，反発されたりして回頭作用が働く。図2－41において，はじめは両船とも内側へのモーメントが生じ，並航時は互いに接近して両船とも外側へのモーメントが生じ，追越す状態では両船とも内側へのモーメントが生ずる。

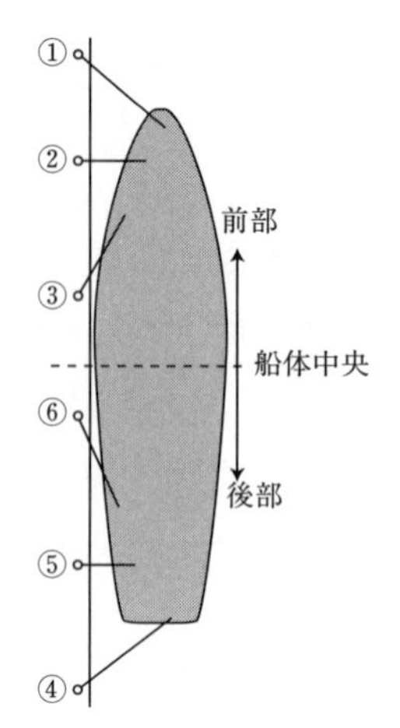

図2－42　係船索の名称

4　岸壁離着岸操船

4.1　係船索のとり方

着岸すると，係船索によって岸壁に係留する。そのときの状況に応じて増減はあるが，基本的な係船策は図2－42のとおりである。スプリングで船の前後動，ブレストで左右動，ヘッドラインとスターンラインで両方の動きを止めて船を係留する。

①　ヘッドライン
②　前部ブレストライン
③　前部スプリングライン
④　スターンライン
⑤　後部ブレストライン
⑥　後部スプリングライン

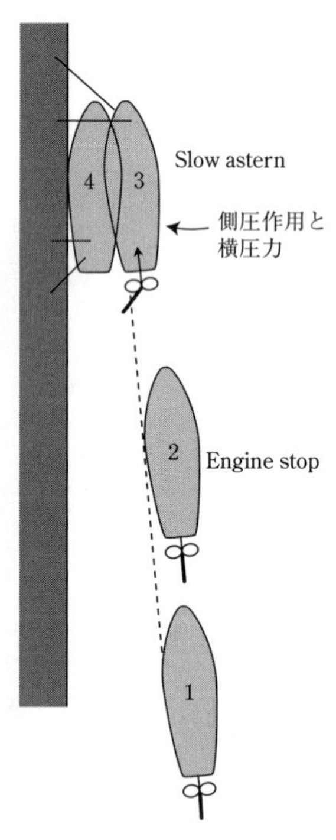

図2－43　入船左舷付け

4.2　着岸操船

飛行機の着陸と同様，船では着岸操船が最も船長を緊張させる操船になっている。係船岸壁に横付けする舷を右舷にするか左舷にするかは，岸壁の使用状態によるが，通常のプロペラが右回りで1軸の船では，プロペラの作用から左舷付けの方が右舷付けよりも容易である。

⑴左舷横付け

図2－43に示すように，接岸コースも岸壁線に対して約20度で航進して機関後進をかける。右回り1軸船は，プロペラ放出流の作用と横圧力の作用で船尾は左舷方に押されるから岸壁に寄り，左に横すべりしながら右に回頭し比較的容易に接岸できる。入船とは，入航針路の延長で岸壁に接岸することをいい，次の手はずで操船する。

① 岸壁面に対して20～30度の角度を保って減速徐行しながら接近する。

② 予定位置に達する頃，機関後進，左転舵をするとほぼ平行に停止する。

③ ヘッドライン，ブレストラインをとってそれを適宜巻いて船をひき寄せ，その後は各係船索をとって係船する。

④ 風潮を前方から受ける場合は，予定位置を少し行き過ぎて，船を岸壁に平行にして停止させ，ヘッドラインをなるべく前方のビットに係止し，風潮に流されながら係船する。

⑤ 風潮を後方から受ける場合は，④と逆でスターンラインを先にとって係船する。

⑵右舷付け

図2－44に示すように，できるだけ岸壁にそって前進し，横付け地点手前で一旦停止して再び前進をかけて船尾索をとるか，横付け位置にきたとき左舷に投錨して行き足をとめるか，船尾から強力なもやい綱を出して前進行き足をとめながら横付けするなどの工夫が必要であ

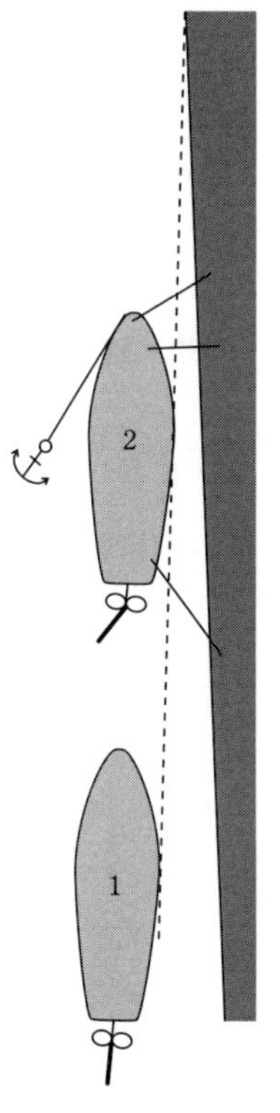

図2―44　入船右舷付け

る。一般的に次の手はずで操船する。

① 岸壁面に対して平行に近く船幅の約1.5倍離して，減速徐行して接近する。

② 予定位置の手前，おおよそ，船の長さの位置で左回頭するように舵を取り，同時に機関を微速後進にする。

③ ヘッドライン，前部スプリングラインを先に岸壁のビットにとり，船首を少し岸壁面に向くようにして各係船索を取って引寄せる。

④ 風潮を後方から受ける場合は左舷錨を投じ，機関後進として速力を止め，前部スプリングライン，スターンラインをすばやく係止して引き寄せる。

⑤ 風潮を沖側から受ける場合は左舷錨を投じ後進とともに前部スプリングラインをすばやく陸上のビットに係止し，機関と転舵によって船尾が岸壁に圧流されるのを防ぎ各係船索を取る。

4.3 離(り)　岸(がん)

風潮の影響が小さい場合は，船首の動きをとめる前部スプリング１本のみとし，横付け舷の方に舵をとって前進微速をかけ，まず船尾を離してから後進をかけ，その後スプリングを放す。一般的に離岸は着岸より容易である。具体的な標準パターンは図２−45に示すとおりである。

① 風潮のない場合または船尾方向より風潮を受ける場合，投錨されている場合は簡単であるが，投錨されていない時は自力で離岸するには，前部スプリングライン１本を残して他の係船索全部を取り込み，舵を岸壁側一杯にとっ

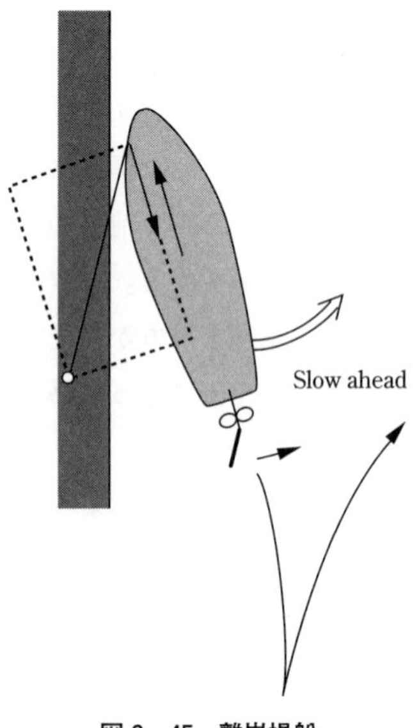

図２−45　離岸操船

て機関の前進微速と停止を小刻みに数回繰り返して船尾を岸壁から振り出して離す。

② 船尾が岸壁から離れたら，機関を前進に使用して操船，出航する。

③ 船首方向より風潮を受ける場合は，後部スプリングライン以外のすべての係船索を取り込み，風潮圧とスプリングの係止力によって船首を外方に離し係留舷へ転舵し前進微速として離岸する。

第9章　錨泊法

アンカーの主目的は，投下したアンカーの把駐力によって船を停泊させることであり，アンカーを使用して船を停泊させることを錨泊といい，安全な錨泊をするためには，良い泊地を選ばなくてはならない。

1　主な錨泊方法

主な錨泊方法として，図2－46に示すとおり，単錨泊（1つの錨を投下する方法で，錨泊海面に余地があるか一時的に錨泊するときに行う），双錨泊（2つの錨を使用する方法で，狭い港内で振れ回りを抑える場合に行う），二錨泊（2つの錨を投下し，一方向からの風潮が強い泊地や，荒天のときに行う）がある。

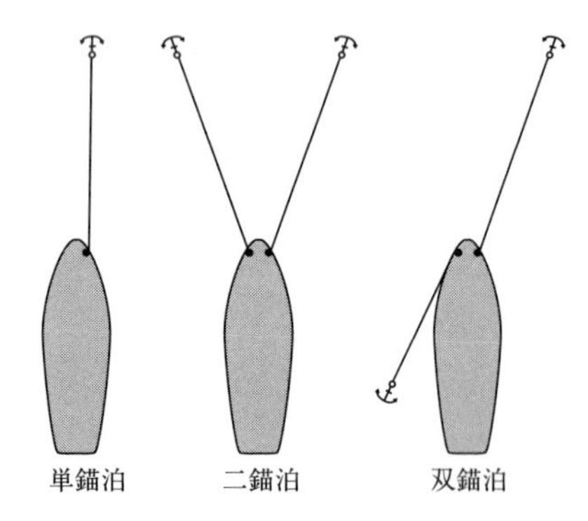

図2―46　錨泊パターン

2　錨鎖の伸出量

図2－47に示すように，錨の重さや錨の爪で海底をかいている力が錨泊の係駐力と勘違いされることが多いが，錨鎖の伸出量も係駐力に大きく関わる。

たとえば，運動会の綱引きにおいて，綱を引く選手たちが錨鎖に相当し，アンカーと呼ばれる最後の選手が錨に相当する。

錨鎖を十分伸ばせば，係駐力を増すだけでなく前後運動などのショックを吸収して安定した錨かきになるが，あまり長いと揚錨に時間がかかり錨泊海面に余裕がなくなる。このことから，次の事項を考えに入れて伸出量を決めなければならない。

①　外力（風潮，波浪，うねり）が船に与える影響

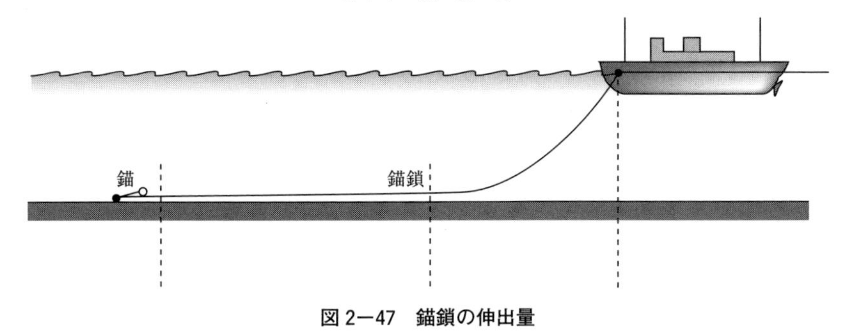

図2—47　錨鎖の伸出量

② 泊地（はくち）の底質（ていしつ）

③ 水深（水深が深いと海底をはう錨鎖が短くなるので長く伸ばす。泊地の標準水深は10〜15メートル）

④ 錨泊方法（単錨泊か双錨泊か）

⑤ 使用している錨の種類

錨鎖伸出量の標準は次のとおりである。

3β+50（メートル）　βは高潮水深（メートル）

ただし，風力5以上から錨鎖の伸出量を増加し，風力7以上では強風に応じて，保有量一杯まで伸ばす必要がある。

3　守錨法（しゅびょうほう）

安全な錨泊のために，錨泊当直者は次の点に注意しなければならない。

① 風向，潮流の変化に注意し，船が振れ回って2つの錨が絡んだり，錨鎖が絡まないようにする。

② とくに風浪の大きい錨地では船位を測定し，走錨の有無に注意する。

③ 天候が急変し，必要があればただちに錨鎖を伸ばすか錨地をかえる。

④ 他船の動静，周囲の状況に注意し異変があれば船長に報告する。

アンカーによる係駐力が外力よりも小さいと走錨する。走錨の原因は次のとおりである。

① 錨鎖伸出量が少ないとき

② 錨かきが悪いとき

③ 底質が悪いため，十分な把駐力（はちゅうりょく）が得られないとき

④ 風浪など外力の影響が予想以上に大きいとき

第10章　載　　貨

貨物積載に関する運用を載貨（さいか）という。貨物の揚げ積みの業務を荷役（にやく）といい，船では，「にえき」とはいわず，「にやく」といわれる。貨物の積み付けに際しては，貨物の安全や荷役能率などを留意することは当然であるが，海上輸送中に船体が動揺するので，何よりも船舶の安全性確保が重要となる。つまり，船体が横揺れしたときに一方に傾いても，船体を元の状態に戻すバランス力が必要である。この力を復原力という。復原力には船体の重心，浮心，GM などが密接に関連している。

1　重　　心（center of gravity : G）

重心とは，図2－48に示すとおり，その物体の重力の作用中心をいい，船ではその位置を船底（keel）からの距離（KG）で表わす。重心位置は，荷物の上げ積みによって，次のように移動する。

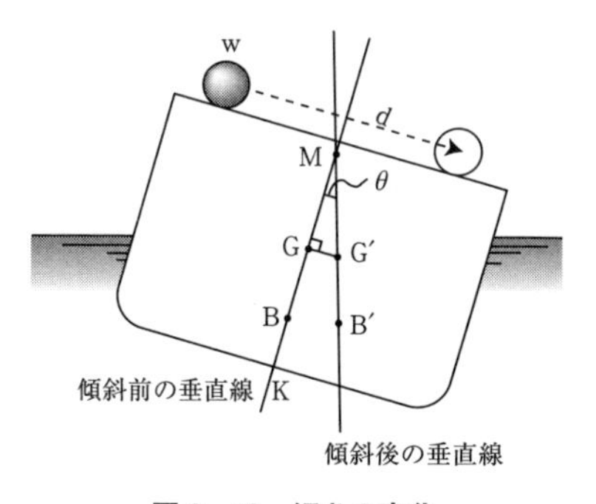

図2－48　傾きの変化

1.1　船内重量物の移動に基づく重心の移動

排水量W（トン）の船内で重量w（トン）がd（メートル）だけ移動すると，船の重心Gはdの方向にGG′だけ移動する。w・dというモーメントとW・GG′のモーメントが等しいから，次の式が成り立つ。

$$GG' = \frac{w \cdot d}{W}$$

1.2　重量物の揚げ積みによる重心の移動

w（トン）の重量物を船の重心Gからd（メートル）だけ離れた位置に揚げ積みした場合，重心はGG′だけ移動する。一旦，Gの作用線上で積卸をした後に所要方向へ移動すると考えれば良いから，次の式が成り立つ。

$$GG' = \frac{w \cdot d}{W \pm w}$$

＋w：重量物を積んだ場合
－w：重量物を揚げた場合

2　浮　心（center of buoyancy : B）

浮心とは，船の浮力の中心で，船体により排除せられた水の重心位置をいい，この点に浮力が作用する。

3　横メタセンタ（transverse metacenter : M）

直立でつりあい状態にある船を，排水量一定のまま，ごくわずか横方向に傾けたときの浮力の作用線と，傾いていなかった，元の浮力の作用線との交点を横メタセンタという。横メタセンタMの位置は，水線下の船の形や喫水によって変化し，浮心Bからの垂直距離は下の式で求められる。

$$BM = I/V$$

ただし，Iは水線面の船体中心線に関する2次モーメント，Vは排水容積（立方メートル）である。KBとKMの値は，造船所から支給される排水量等曲線（ハイドロカーブ）に喫水の関数として示されているので，計算する必要はない。

4　つり合い

G，B，Mの位置関係から，横方向の約15度までの小傾斜に対する安定性を判断することができる。

①静止している状態

図2－49に示すとおり，水に浮かんで静止する船は，重力Wは重心Gより下方

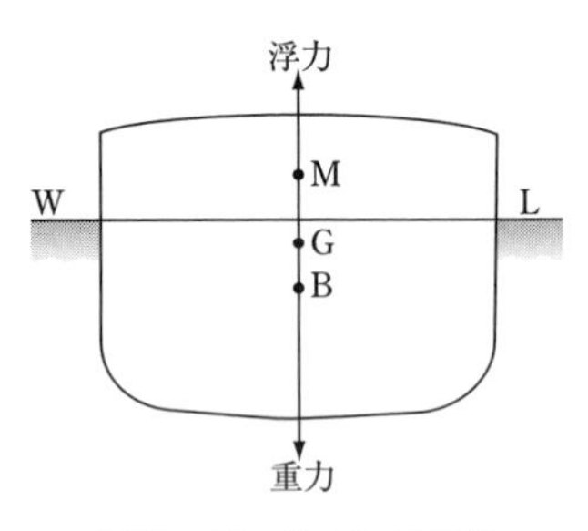

図2－49　静止した状態

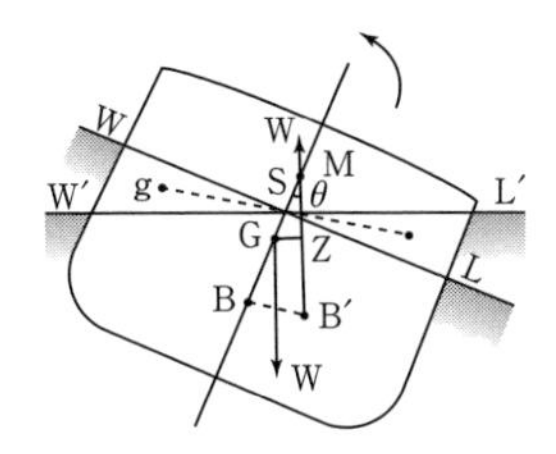

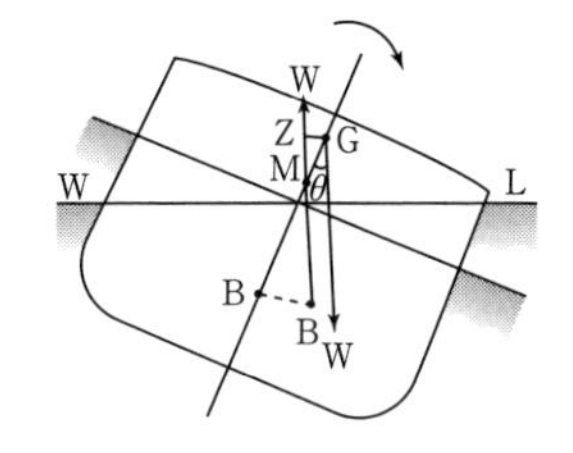

図2−50　安定なつり合いと不安定なつり合い

に，浮力Wは浮心Bより上方に向かって作用し，重力と浮力とは同じ垂直線上にあるためつり合っている。

②安定したつり合い

図2−50（左図）に示すとおり，船体が外力のため一方に傾くと重心の位置は変化しないが，静止状態の浮心BはB'に移動する。この傾いた状態では，浮力と重力とは同じ垂直線上にないから，船体を矢印の方向に動かそうとする偶力が生じ，船体は起上ろうとする。

③不安定なつり合い

図2−50（右図）に示すとおり，重心がメタセンタの上方にあれば，船体はますます傾こうとするモーメントを生ずるから，ついには転覆する。

5　GM（ジーエム，メタセンタ高さ）と復原力（スタビリティ，Stability）

GMとは，船の重心Gから横メタセンタMまでの垂直距離をいい，復原力は前述のとおり，元に戻そうとする力であり，復原モーメント，すなわち，W·GZによって表され，静的復原力という。また，GZは船の重心Gから傾斜時の浮力作用線に下ろした垂線の長さであり，これを復原てこという。船の傾斜角が15度程度以内のときは，浮力の作用線が横メタセンタMのごく近くを通ることが知られているので，次の式が成り立つ。

$$静的復原力 = W \cdot GZ = W \cdot GM\sin\Theta$$

となる。

ただし，W：排水量（トン），Θ：横傾斜角，GM：横メタセンタ高さ（メートル）で，このように表しうる範囲の復原力を初期復原力という。初期とは約15度までの傾斜をいう。この傾斜範囲であれば，復原力はGMに比例することになり，GMが復原力の尺度となる。すなわち，GMが大きければ大きいほど復原力は大となる。

このためには，船体の重心Gを低くすることであるが，GMが過大であると船の横揺れ周期が早くなり，船舶積荷に損害をきたし，過小であれば転覆のおそれがあるということになる。船乗りの永年の経験からある標準的な値が見出されている。客船では船幅の約 2％，一般貨物船では約 5％，タンカーでは約 8％をもって適当としている。

また，船の横揺れ周期T（ある状態から，揺れて，またその状態に戻るまでの時間）を利用してGMを次の近似式で求めることができる。

$$\mathrm{GM} = \left(\frac{0.8B}{T}\right)^2$$

ただし，Tの単位は秒，B（船幅）の単位はメートル，GMの単位はメートルである。

転覆する主な原因は復原力の不足から起る。具体的な原因として次の場合がある。

① デッキ積みや上層に貨物の重量が集まったため船の重心位置が高くなり，GMの値が小さくなった場合

② 激しい横揺れによって倉内の貨物が移動し，船の重心が大きく移動し片舷に大きく傾斜した場合

③ 開口部の閉鎖が完全に行われなかったことにより浸水した場合

④ デッキ上に入った海水の水はけが悪い場合

6　毎センチ排水トン数（トンパー：Tons Per centimeter immersion）

船を平均喫水で1 cm沈下させるために必要な重量トン数をいい，この値によって積揚げの重量と喫水の増減量の関係が求まる。この値は，（水線面積）×（1 cmの高さ）×（単位体積の海水の重さ）に他ならない。船の形状と喫水によって

水線面積が変わるから，実用上便利な載貨重量トン数表か排水量等曲線図（はいすいりょうとうきょくせんず）を使って簡単に求めることができる。動くハイテク倉庫ともいうべき船の貨物用スペースを図2－51～2－53に示す。

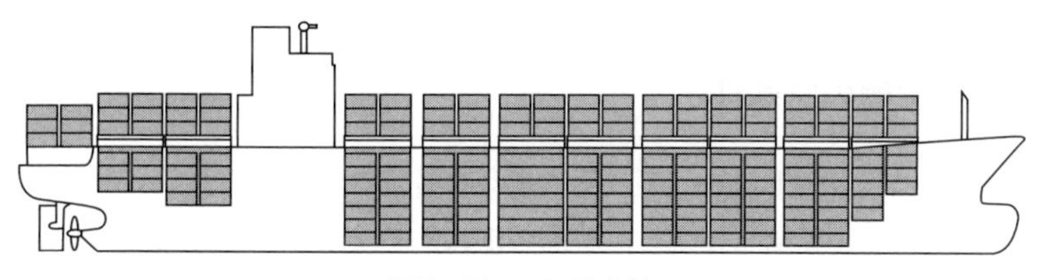

図2―51　コンテナ船

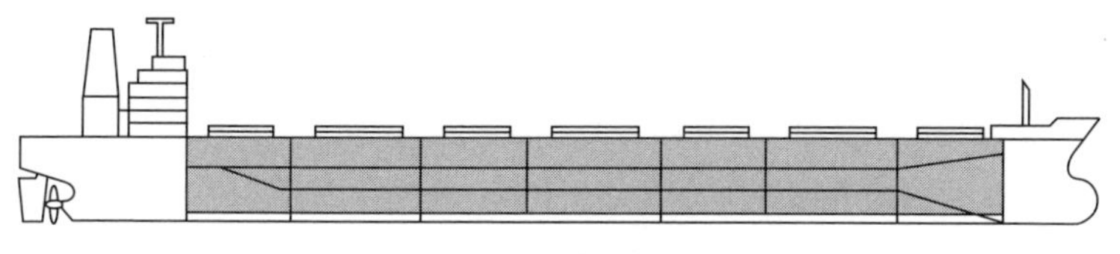

図2―52　ばら積み船

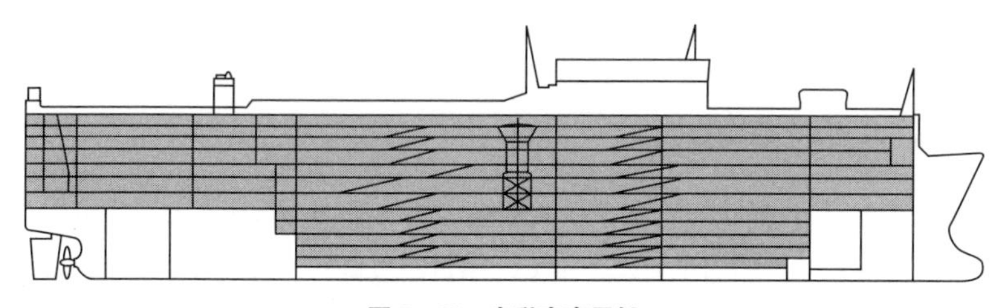

図2―53　自動車専用船

第11章　船員災害

1　海上労働の特殊性

海上労働は陸上労働に比べて，次のような特殊性が考えられる。

① 少人数で船舶を運航し，目的の港に着くまでは，その限られた乗組員でもって自己完結(じこかんけつ)的に安全運航しなけらばならない。また，数ヶ月にわたる長期の乗船勤務を行うために，離家庭・離社会性を伴う。

② 気象・海象の激変，動揺，騒音，振動などが常態であり，職場環境や生活環境が，浮かんで移動しているということ。

③ 船舶は運命共同体であるとともに，職場と生活の場が同一であるため，公生活と私生活の区別がつきにくいこと。

④ 乗組員の交替が頻繁で，職場集団としてのチームワークに欠けやすいこと。

2　船員災害の定義など

船員災害とは，「船員の就業に係る船舶，船内設備，積荷などにより，または作業行動もしくは船内生活によって，船員が負傷し，疾病にかかり，または死亡することをいう」（船員災害防止活動の促進に関する法律2条1項）と規定されている。また，船員災害は，職務上であるか職務外であるかは関係なく，大別すると狭義の災害（死傷）と疾病に分けられている。

3　船員災害の特徴

3.1　船員災害の実態

国土交通省海事局船員労働環境課の「船員災害疾病発生状況報告（船員法第111条）集計書」によると次のとおりである。

平成12年度における休業4日以上の災害発生率をみてみると，陸上産業災害多発業種である林業に比べると低率であるが，陸上の全産業とでは全船種で約5倍強となっており，汽船でも3倍強と高くなっている。また，死亡災害発生状況では陸上の林業，鉱業と同程度，全産業とでは7倍と高率を示していることが分かる。

船員災害発生率そのものは，年々減少傾向にあることと，陸上労働に比べ，死亡発生率が高いことが船員災害の大きな特徴である。

その死亡災害原因は，海中転落によるものが50%，海難によるものが32%と飛び抜けて高率であり，この2大原因が死亡災害全体の7割以上を占めている。

3.2　船員災害の原因

船員の災害原因は大別すると，物的原因と人的原因に分けられ，それぞれ次のように分類することができる。また，ここでは特に安全面に関して例示するが，衛生面に関しても同様にあてはまる。

(1)　物的原因

①作業場の整理，整頓の不良

作業場の器具，用具，移動物，吊下物などの整理・整頓が悪かったり，作業空間の確保が不十分であったり，足下の状態や通路の確保が悪いことなど

②機器，設備，用具などの整備不良

動力機器などの可動部分の十分な防護措置の不備や機器・用具などの構造的欠陥，材質不良，強度不足，不備，設置場所の不良など

③作業環境の整備不良

火災・爆発のおそれのある作業や人体に有害な物質を扱う作業などの危険作業，あるいは感電・高温・低温，騒音，酸素欠乏，高所，舷外などさまざまな危険を伴う作業環境での適切な災害防止措置がとられていないこと

④保護具などの整備不良

保護具などの材質劣化強度不足，検知器具などの検知能力の劣化や欠陥，構造的不具合など

⑤その他の環境整備の不良

安全標識などの表示方法，塗色，表示場所などの不適切など

(2)　人的原因

①教育的原因

安全に対する知識・経験の不足，作業の未熟練，あるいは新人教育や再教育・技能教育など，職場内の安全教育・訓練の不徹底など

②身体的原因

体調不良（疲労や二日酔いなど）や病気，あるいは身体的欠陥（近視，難聴など），無理な姿勢など

③精神的原因

態度不良（怠慢，反抗，不満，保護具の不使用など）や精神的動揺（焦燥，緊張，恐怖・不和，上調子など），あるいは不注意や錯誤など

④　管理的原因

作業上の指揮命令の不適切，作業基準の不明確，点検保全制度の欠陥，人事配置の不適正，勤労意欲の沈滞など

3.3　船員の災害保険制度

船員の職務上の負傷・疾病などについては，その完治まで，また，職務外のそれについても一定期間（3ヶ月）は船舶所有者にその療養補償の負担を船員法 89 条で義務づけている。そして，この義務の履行を担保する制度として船員保険制度がある。

この船員保険制度は，船員保険法によって制定され，以後改正を繰り返しながら公的船員災害補償制度として確たる地位を占めている。船員保険制度の特徴は次のとおりである。

①　船員という特定の労働者のみを対象としている。

② 補償の範囲が広く，職務上の事故ばかりでなく職務外の事故も含んでいる。

③ 災害給付だけでなく，失業給付や年金給付もカバーした唯一の総合的な社会保険である。

主な参考文献

「基本運用術」本田啓之輔著　海文堂出版
「船と海の Q&A」上野喜一郎著　成山堂書店
「船舶知識の ABC」池田宗雄著　成山堂書店
「船舶運用学の ABC」和田　忠著　成山堂書店
「海洋気象講座」福地　章著　成山堂書店
「海洋気象の ABC」福谷恒男著　成山堂書店
「救命講習用教本」国土交通省船員局監修　日本船舶職員協会
「図説 海事概要」海事実務研究会編　海文堂出版

第三編 海事法規

多くの海事法規があるが，すべてを暗記するものではない。基本的に知っておく重要事項以外の詳細については，海事六法のどこに，どういうことが，どのような理由で規定されているかを把握しておき，直面する事象が起こった際に海事六法で詳しく正確に調べて対応すればよい。また，海事六法の内容は，頻繁に改正されるので，最新の海事六法を用いることが必要である。つぎに海事法規の歴史，特色に関して簡潔に述べる。

海事に関する法規は，海上取引の行われた古代フェニキヤ時代から存在していたといわれる。紀元前 2，3 世紀の頃のギリシャの植民地であるロード島に発達したロード海法，12 世紀頃に大西洋沿岸で使われたオレロン海法，14 世紀に集大成されたコンソラート・デル・マーレ，15 世紀に地中海で行われたウィスビー海法などが有名である。日本においては，1225 年（貞応 2 年）に制定されたと伝えられる廻船式目や豊臣時代に制定された海路諸法度があった。明治時代に入り日本が西欧の海事法規を継受したため，現行の法規にその名残りは見られないといわれる。

海事法規とは，海上航行に直接関係のある法規の総称（船員職業安定法，造船法は海事法規ではない）で，狭義には，海商法（商法第 4 編と国際海上物品運送法）を指す場合がある。

海事法規の特色としては，民法，憲法のように独立した部門ではなく固有の法原則は存在しないが，次に示す特色がある。

① 海上危険への配慮（陸上にはない海上危険が存在し，その危険について各種の配慮がなされている。）

② 孤立性のための特別な措置（陸上から孤立して行動するため，陸上とは異なった措置が講ぜられている。）

③ 自己完結性（必要があれば，その都度，専門家を呼ぶことができる陸上とは異なり，洋上では自船だけでほとんどのことを成し遂げる能力が必要であることへの配慮がなされている。）

④ 財産的価値（船体，積荷などの巨大な財産的価値が考慮されている。）

⑤ 国際的性格（海運の国際性から国際的な統一がなされている。）

第1章　海上交通法規

海上交通法規には，海上衝突予防法，海上交通安全法及び港則法がある。航海法規といわれることがあるが，航海をするためには多くの法規が存在し，単純に海上交通法規は，海上交通ルールと理解し，身につけなければならないものである。

海上交通法規の役割は，図3−1に示すとおり，あたかも，女王蜂のように君臨する「船舶航行安全」を他の仕事のグループと力を合わせて，「海上交通

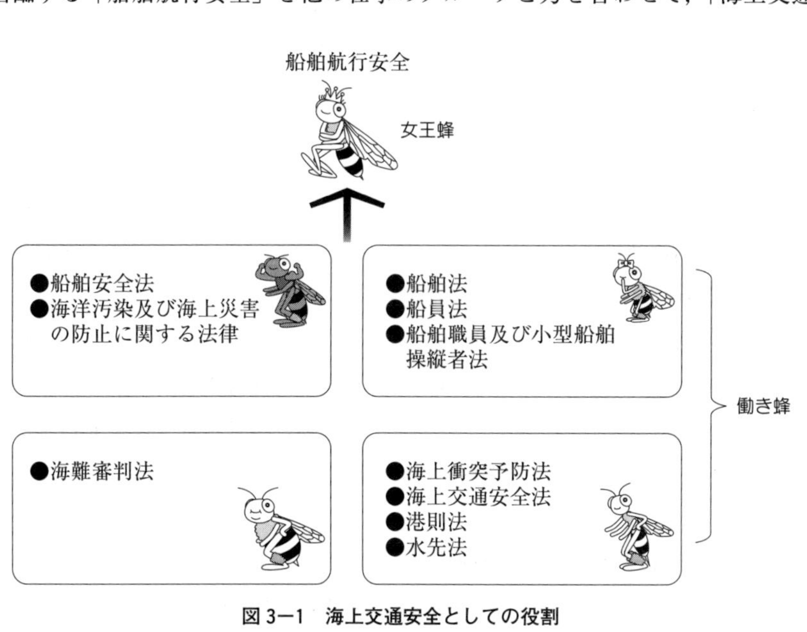

図3−1　海上交通安全としての役割

安全」という側面からサポートする働き蜂のようである。

1　海上衝突予防法

1.1　沿　　革

海上衝突予防法は，海上交通の国際的性格から，各国まちまちでは危険であるとして，国際的に統一された海上交通ルールとして誕生した。以前は，英国海上衝突予防規則を模範として各国が規則を制定していた。国際的な法典としての最初は1889年（明治22年）ワシントン国際会議で国際規則の制定であった。1972年（昭和47年）IMO（International Maritime Organization：国際海事機関）により，最新の1972年国際海上衝突予防規則ができ，日本もこれに準拠（じゅんきょ）し，国内法を改正し，1977年（昭和52年）に海上衝突予防法（法律第62号）とした。

1.2　海上衝突予防法の性格と構成

海上衝突予防法（以下，予防法，法）は，一般的で基礎的な万国共通の海上交通法で，予防法だけでは不十分な海域では予防法に追加する形でその海域に適した特別法（海上交通安全法，港則法）が設けられている。一般法である予防法と特別法との関係は次のとおりである。

① 予防法に追加した形で，その場所に適したキメ細かいルールを補足する特別法の場合は，特別法は勿論，一般法である予防法もその海域で適用される。

② 予防法のルールがその場所に不適なため，特別法の異なったルールを設けている場合は，その海域では特別法が優先適用される。

予防法の構成は，総則，航法，灯火及び形象物，音響信号及び発光信号から成っている。本書では航法に重きを置いて概説する。

1.3　予防法における航法の原則

① 航法は，他船を避（さ）けることに直接関係のない航行ルール（たとえば，右側通航）と「A船がB船の進路を避けなければならない」という避航（ひこう）ルールに分けることができる。

② 避航ルールは，1船対1船の簡単な標準パターンとして規定してある。

③ 航法は，視界の有無と無関係に適用されるもの，有視界状態で適用さ

れるもの，視界制限状態で適用されるものに分けて規定してある。

④　有視界状態の避航関係では，1船が他船の進路を避航する避航船（ひこうせん），他の1船が針路・速力を保持する保持船（ほじせん）となる。

⑤　右側通航を原則としている。

⑥　操縦性能の良い船が悪い船を避けることを原則としている。

⑦　単純な標準パターンの避航ルールに加え，船員の常務による航法，切迫した危険を避けるための航法を加えて，複雑な現実の交通に対応している。

1.4　航　　法

航法の規定は，視界の良し悪しが操船の難易に深く関わることから，3つに分かれている。すなわち，視界の程度に無関係に基本的に遵守するルール，視界良好時のルール，視界制限状態におけるルールというように，3つの節からなっている。

(1)　あらゆる視界の状態における船舶の航法

①適切な見張り，安全な速力（法5条，6条）

船橋当直者は，常時（昼夜，視界の良悪，航行中，錨泊中，漁ろう中），適切な見張りをすべての手段（視覚，聴覚，RADAR，ARPA，VHF など）を使用して実施しなければならない。また，船舶は，他の船舶との衝突を回避するため適切かつ有効な動作をとること，または適正な距離で停止できるように，常時，安全な速力で航行しなければならない。安全な速力の決定にあたっては，視界の状態，船舶交通の混雑状況，自船の操縦性能などを考慮しなければならない。一般的に，適切な見張りは当然のことと考えられがちであるが，現実の船舶間衝突の直接原因として，「見張り不十分」が最も多い。

②衝突のおそれの判断（法7条）

衝突のおそれとは，図3－2に示すように，2隻の船舶がこのまま行けば衝突する可能性がある状態をいう。船舶は，他の船舶と衝突するお

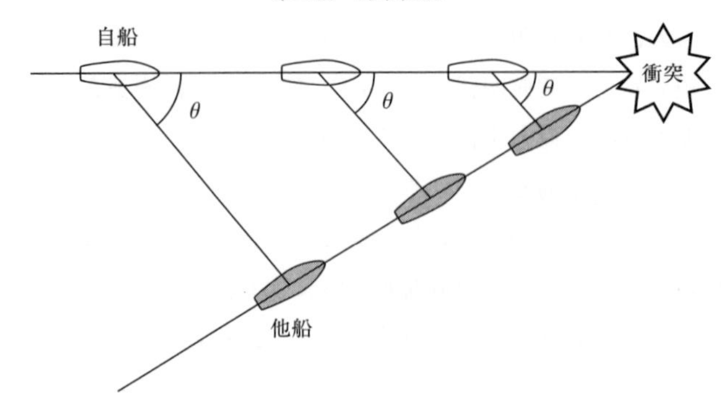

図 3―2　衝突のおそれ

それがあるか否かを判断するため，コンパス方位による他船の相対方位の変化の有無の測定など，その時の状況に応じたすべての手段（その時の自船を取り巻く周囲の海象，気象，船の混雑度，装備機器にてらした全ての方法）をとらなければならない。この場合，大型船舶などに接近するときは，相対方位の変化があっても衝突するおそれがあり得ることを考慮しなければならない。判断の基礎となる情報が不十分な場合には，衝突のおそれがあると判断しなければならない。また，レーダー装備船に対してその適切な使用（長距離レーダーレンジによる走査（そうさ），探知した物件のレーダープロッティングなど）が義務づけられている。

③衝突を避けるための動作（法 8 条）

船舶が他船との衝突を避けるための動作をとる場合の基本原則として，「できる限り十分に余裕のある時期に」，「永年の船員の経験によって得られ慣行に従って」，「ためらわずに」，「大幅に」，「他の船舶との間に安全な距離を保って」行わなければならない。

④狭い水道等における航法（法 9 条）

狭い水道（陸岸により 2～3 海里以下の幅に狭められた水道）と航路筋を併せて，狭い水道等という。狭い水道等を航行する船舶は，できる限り，狭い水道等の右側端に寄って航行しなければならない。漁ろう船と漁ろう船以外の船舶の航法では，漁ろう船は狭い水道などの内側を航行している漁ろう船以外の船舶の通航を妨げないことが定められている。この他，追い越し信号の実施，横切りの制限，長さ20メートル未満の動力船の他の船舶に対する通航妨害禁止，湾曲部における注意航行，錨泊の制限が定められている。

⑤分離通航方式（法10条）

全世界で約100ヶ所の分離通航方式がIMOにおいて採択され，分離通航が実施されている。分離通航方式は，船舶の交通密度の高い海域において交通流を整流するために，通航路や分離帯などを設定したものである。具体的には，図3－3に示すように，通航路内において定められた方向に航行すること，分離線（帯）から離れて航行すること，通航路の出入口から出入すること，通航路の横断，分離線の横切りなどの原則的禁止，通航路及びその出入口付近での錨泊の禁止などが定められている。

現在，西ヨーロッパ海域，バルチック海，インド洋，アメリカ沿岸海域に分離通航方式はあるが，日本沿岸にはない。この理由は，日本沿岸は船舶交通がきわめて混雑し，この方式では不十分だからである。後に説明する海上交通安全法において，さらにきめ細かい船舶交通の整流が行われている。

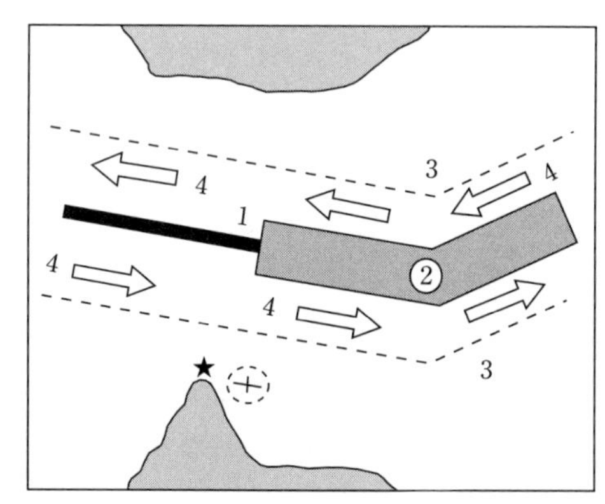

分離帯又は分離線による方式
1：分離線
2：分離帯
3：通航路の外側境界
4：矢印は通航方向を示す

図3―3　分離通航方式

(2)視界良好時（互いに他の船舶の視野の内にある）の船舶の航法

他の船舶が視野の内にある状態（視界良好時）にお

いては，船舶間衝突を防止するために衝突のおそれのある2船間の避航法が次のように規定されている。

①追越（おいこ）し船の航法（法13条）

追越し船とは，ある船舶の正横後22度30分を超える後方の位置から他船を追い越す船舶をいう。夜間にあっては，追い越される船舶のげん灯が見えず，船尾灯だけが見えることから判断する。追越し船は，追い越される船舶を確実に追い越し，かつ，十分に遠ざかるまで追い越される船舶の進路を避けなければならない。追越し船であるか否かを確認することができない場合には，追越し船であると判断しなければならない。この規定は，追い越す限り操縦性能がより優れているとの考えから，船種（動力船，帆船，漁ろう船など）の如何にかかわらず追越し船を避航すべき立場の船としている。

②行会（いきあ）い船の航法（法14条）

2隻の動力船が真向かい，またはほとんど真向かいに行会う場合において衝突するおそれがあるときは，互いに相手船舶の左げん側を通過するようそれぞれ右に針路を転じなければならない。このような状況にあるか否かは，図3−4に示すように，昼間においては船影により，夜間においてはマスト灯または舷灯（げんとう）（後述）の見え具合により判断できる。行会い状況においては，動力船同志の相対速度が大きくなって危険度が高いことから，1船だけの避航効果より大きい効果を生じるように，かつ，右側通航の原則により，相互右転が決められている。また，行会い船であるか否かを確認することができない場合は，行会い船であると判断して行動しなければならない。

③横切り船（法15条）

2隻の動力船が互いに進路を横切る場合において衝突するおそれがあるとき，他の動力船を右舷側に見る船が，他の動力船の進路を避けなければならない。これは，通常の避航動作は相手船の船尾方向を横切ることが安全であることと，右側通航の原則から決められている。

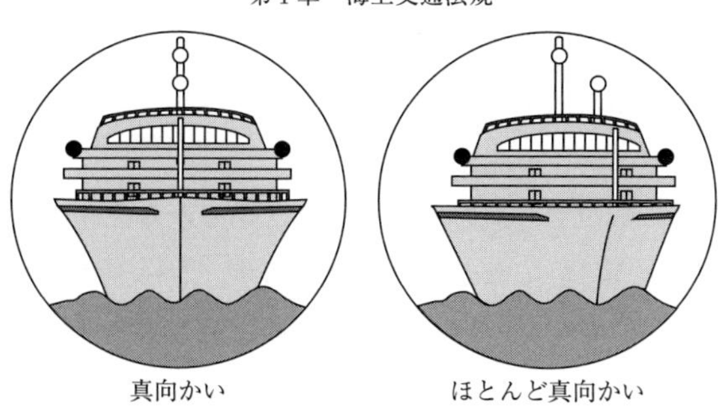

図3―4　行会い

④避航船，保持船（法16条，17条）

法は，2隻の船舶間に衝突のおそれが発生した際は，行会い関係の場合を除いて，1船に避航義務，他船に針路・速力の保持義務を課した。他船の進路を避けなければならない船舶のことを「避航船」といい，当該他の船舶のことを「保持船」という。法16条において，避航船は，保持船から十分に遠ざかるため，できる限り早期に，かつ，大幅に動作をとらなければならないとしている。一方，保持船については，法17条において，避航船が避けやすいように，まず，その針路や速力を保たなければならないこととし，避航船が法の規定に基づく適切な動作をとっていないことが明らかになった時点で，避航船との衝突を避けるための動作をとることができると規定し，さらに衝突間際に至った場合は，保持船としても衝突回避のための最善の協力動作をとらなければならないとしている。

⑤各種船舶間の航法（法18条）

操縦性能の優れた船舶が，操縦性能の劣る船舶を避けるという原則の1つとして，操縦性能の優れている船から順に①動力船，②帆船，③漁ろうに従事している船舶，④運転不自由船及び操縦性能制限船という序列を設け，前位にある船舶は，後位にある船舶の進路を避けなければならないとしている。さらに，喫水が水深に近くなり，他の船舶を避けることができない状態の喫水制限船の安全な通航を，全ての船舶は妨げてはならないことが規定されている。当然，吃水制限船は吃水制限状態にあることを他船に伝えるための表示をしなければならない。

⑥視界制限状態における船舶の航法

動力船は，いつでも速力を変えることができるように，機関を直ちに操作できるようにしておかなければならず，レーダーのみにより他船の存在を探知し，レーダー情報だけで他船に著しく接近または衝突するおそれがあると判断した場合は，十分余裕のある時期にこれらの事態を避けるための動作をとらなければならない。また，他船の霧中信号を前方に聞いた場合や，前方にある船舶と著しく接近することが避けられない場合は，針路を保つことができる最小限度の速力に減じ，必要に応じて停止しなければならない。

⑦灯火及び形象物

船舶は，他船に自船の進行方向や自船の種類，大きさなどを知らせるために，図 3−5 に示すように，夜間は灯火，昼間は形象物を，視界制限状態にあっては，昼間であっても灯火を表示しなければならない。

(3)　補　則

①切迫した危険のある特殊な状況（法 38 条）

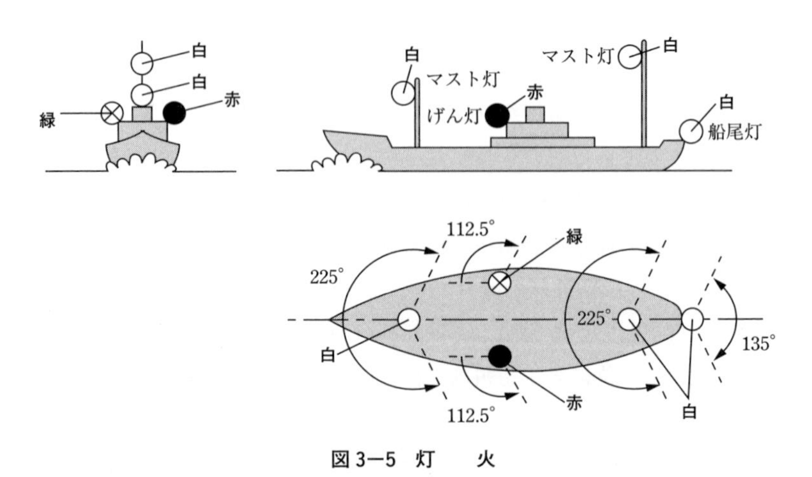

図 3−5　灯　　火

予防法の規定は，海上における衝突防止のため，標準的な航法，灯火及び形象物などについて定めているが，海上において発生する事態は種々の状況があり，それらをすべて具体的に規定することはできない。このため，法全般にわたって，規定されていない運航上の危険などの注意を促し，危険が切迫した場合には，法の規定によらないことができる旨の例外規定を設けることによって，衝突防止の目的を達成しようとしている。

②注意などを怠ることについての責任（法 39 条）

船長などは，規定の履行を怠ったことにより生じた結果の責任を負うことはもちろん，それ以外にも船員の常務（標準パターンの注意以外の，普通の船員なら当然知っているはずの知識・慣行）としての注意またはその時の特殊な状況により必要とされる注意に怠ったことにより生じた結果の責任を免れることはできない。

2　海上交通安全法

2.1　沿革と目的

船舶交通の安全を確保し，海難の発生を防止するため，港内については港則法が，それ以外の海域については，海上衝突予防法が船舶交通ルールを定めていることは，前述したとおりである。

東京湾，伊勢湾，瀬戸内海は，船舶交通が最も輻輳する海難の多い海域で，海上衝突予防法における分離通航方式よりきめの細かい交通ルールの必要性が強く要望されながら，漁業関係者の強い反対にあって，その実現は難航を極めた。それは，狭水道（きょうすいどう）における交通規制の結果，大型船の航行が優先され，漁ろうが大幅に制約されることになるおそれがあるとの考えからであった。海上保安庁は，1968 年（昭和 43 年）以来 3 年にわたり，関係行政機関及び漁業関係者と協議を行い，狭水道は，海上交通の場であるとともに漁業生産の場であるという立場に立って調整を行った。その結果，両者の間で海上交通安全法制定についての了解が成立し，1972 年（昭和 47 年）に，海上交通安全法（以下，法）が制定され，その翌年の夏から施行された。

法の目的は，「船舶交通が輻輳する海域における船舶交通について，特別の交通方法を定めるとともに，その危険を防止するための規制を行うことにより，船舶交通の安全をはかること」（法１条）である。

2.2　適用海域

東京湾，伊勢湾，瀬戸内海の三海域のうち，港則法に基づく港の区域，港湾法に基づく港湾区域，漁港区域を除いた海域，陸岸に沿う海域のうちで漁船以外の船舶が通常航行していない海域を除いた海域で適用される。

2.3　航　　路

三海域内には，狭水道とよばれる船舶交通の難所があり，船舶交通の安全をはかるために特別の交通方法を定める必要があった。そのために航路として，東京湾に浦賀水道航路，中ノ瀬航路，伊勢湾に伊良湖水道航路，瀬戸内海に明石海峡航路，備讃瀬戸東航路，宇高東航路，宇高西航路，備讃瀬戸北航路，備讃瀬戸南航路，水島航路，来島海峡航路の計11航路が設定されている（法２条１項）。航路の幅は，原則として片側700メートルとなっており，航路標識を設置してその境界を明示するとともに，海図にその区域が記載されている。

2.4　巨大船，漁ろう船など

巨大船を定義し，法が特別の取扱いをしているのは，巨大船の操縦性能が他の船舶に比べて悪く，機敏な避航動作が容易にできないため，巨大船自身の安全確保だけではなく，万一事故が起きた場合，周辺の船舶交通全般に与える大きな影響を防止するためである。巨大船とは，全長200メートル以上の船舶である（法２条２項２号）。漁ろう船等とは，漁ろうに従事している船舶及び工事作業船である（法２条２項３号）。

11航路の設置による交通流の整流と，漁ろう船等からその進路を避けられる，巨大船の存在が法の大きな目玉となっている。

2.5　航路における一般的航法

① 航路出入・横断船（漁ろう船等を除く）が航路航行船を避航しなければならない（法3条1項）。

② 航路出入・横断する漁ろう船等，航路内停留船は，航路航行中の巨大船を避航しなければならない（法3条2項）。

③ 全長50メートル以上の船舶に対して航路航行義務が課せられている（法4条）。

④ 航路のうち，船舶交通の混雑する海域など，高速で航行することが危険である海域については，対水速力12ノットをこえる速力で航行してはならない（法5条）。

⑤ 航路において他船を追越す際には一定の追越し信号を行わなければならない（法6条）。

⑥ 航路に出入し，又は航路を横断する船舶は，自船の行動を他船に知らせるために自動車のウインカーに相当する行き先信号を行い，行先を表示しなければならない（法7条）。

⑦ 航路を横断する船舶は，できる限り直角に近い角度で，すみやかに横断しなければならない（法8条）。

⑧ 見通しの悪い場所，航路の交差する場所など一定の場所では，船舶は航路に出入し，又は横断をしてはならない（法9条）。

⑨ 航路内における錨泊の禁止（法10条）。

2.6　航路ごとの航法

11ヶ所ある，航路事情にきめ細かく対応することにより，航路における一般的航法を補充強化している。

(1) 浦賀水道航路（うらがすいどうこうろ）および中ノ瀬航路（なかのせこうろ）

① 船舶は，浦賀水道航路をこれに沿つて航行するときは，同航路の中央から右の部分を航行しなければならない（法11条）。

② 船舶は，中ノ瀬航路をこれに沿って航行するときは，北の方向に航行しなければならない（法 11 条 2 項）。

この規定によって，東京湾の交通流を左回りに整流しようとしている。

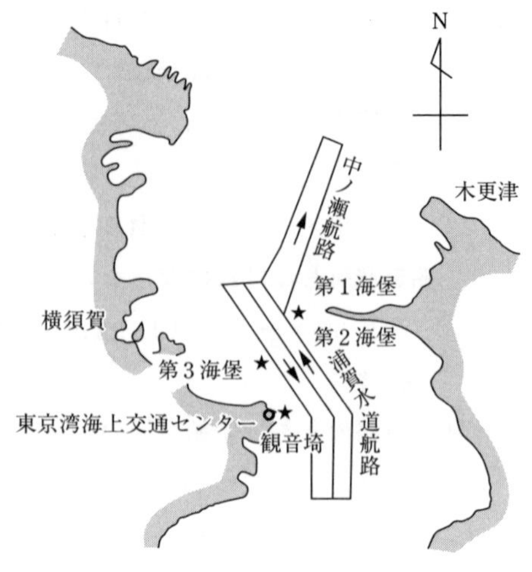

図 3―6　東京湾の航路

③ 航行し，又は停留している船舶（巨大船を除く。）は，浦賀水道航路をこれに沿って航行し，同航路から中ノ瀬航路に入ろうとしている巨大船と衝突するおそれがあるときは，当該巨大船の進路を避けなければならない（法 12 条）。

操縦性能の悪い巨大船の安全通航を保護し，巨大船の周囲の交通安全を確保しようとしており，この類の規定は他の航路においても多く見られる。

(2) 伊良湖水道航路（いらごすいどうこうろ）

① 船舶は，伊良湖水道航路をこれに沿つて航行するときは，できる限り，同航路の中央から右の部分を航行しなければならない（法 13 条）。

いわゆる，「右より通航」で，中央通航分離ができる航路幅がとれないため，操船の制約の許す範囲内での通航分離となっている。この規定は水島航路においても見られる。

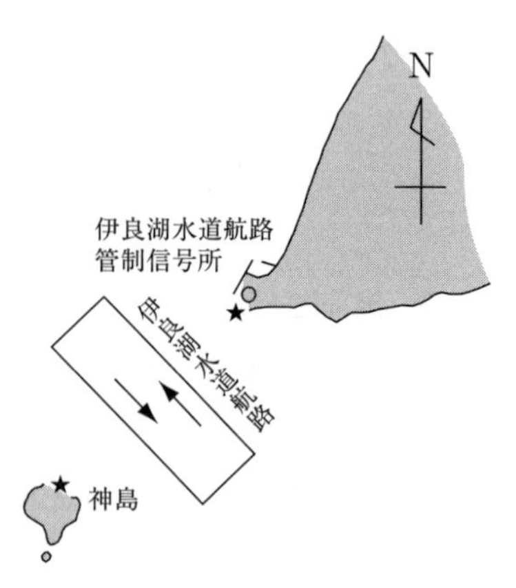

図 3―7　伊勢湾入口の航路

② 伊良湖水道航路をこれに沿つて航行している船舶（巨大船を除く。）

は，同航路をこれに沿つて航行している巨大船と行会う場合において衝突するおそれがあるときは，当該巨大船の進路を避けなければならない（法14条）。

右側通航が規定できなかった補充としての規定で，水島航路においても見られる。

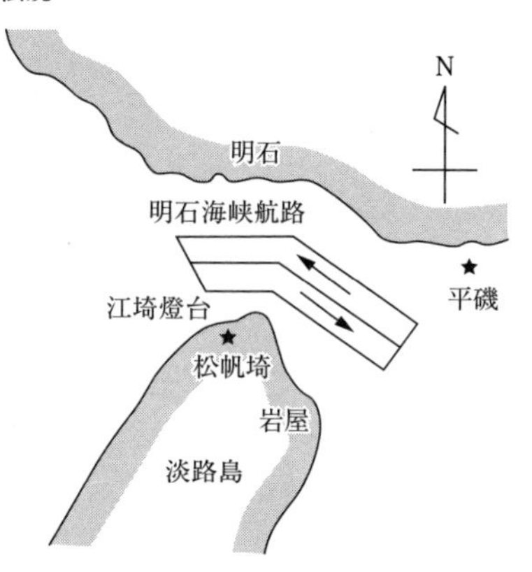

図3−8　明石海峡の航路

③　海上保安庁長官は，伊良湖水道航路をこれに沿つて航行しようとする巨大船と巨大船以外の他の船舶（長さが120メートル以上のものに限る。）とが同航路内において行会うことが予想される場合において，その行会いが危険であると認めるときは，当該他の船舶に対し，信号その他の方法により，当該巨大船との航路内における行会いを避けるため必要な間，航路外で待機すべき旨を指示することができる（法14条3項）。

巨大船が航路を通航する際の他の船舶の航路外待機の規定であり，水島航路においても見られる。

(3)　明石海峡航路（あかしかいきょうこうろ）

①　船舶は，明石海峡航路をこれに沿つて航行するときは，同航路の中央から右の部分を航行しなければならない（法15条）。

(4)　備讃瀬戸東航路（びさんせとひがしこうろ），宇高東航路（うこうひがしこうろ），同西航路

①　船舶は，備讃瀬戸東航路をこれに沿つて航行するときは，同航路の中央から右の部分を航行しなければならない（法16条1項）。

②　船舶は，宇高東航路をこれに沿つて航行するときは，北の方向に航行しなければならない（法16条2項）。

③　船舶は，宇高西航路をこれに沿つて航行するときは，南の方向に航行しなければならない（法16条3項）。

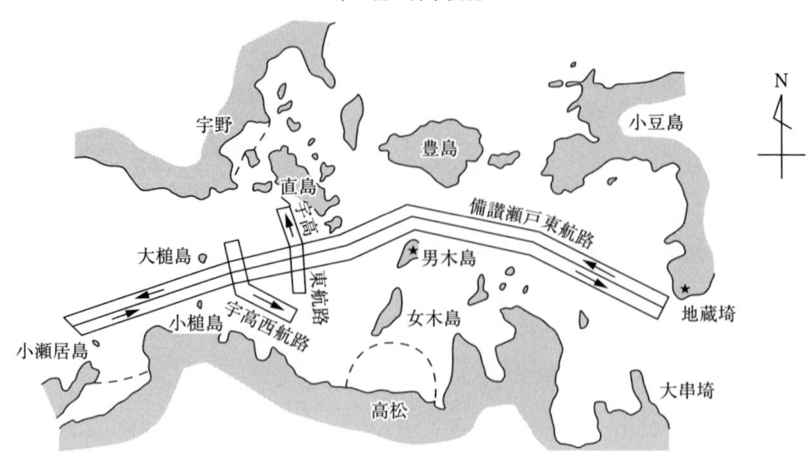

図 3―9　備讃瀬戸東部の航路

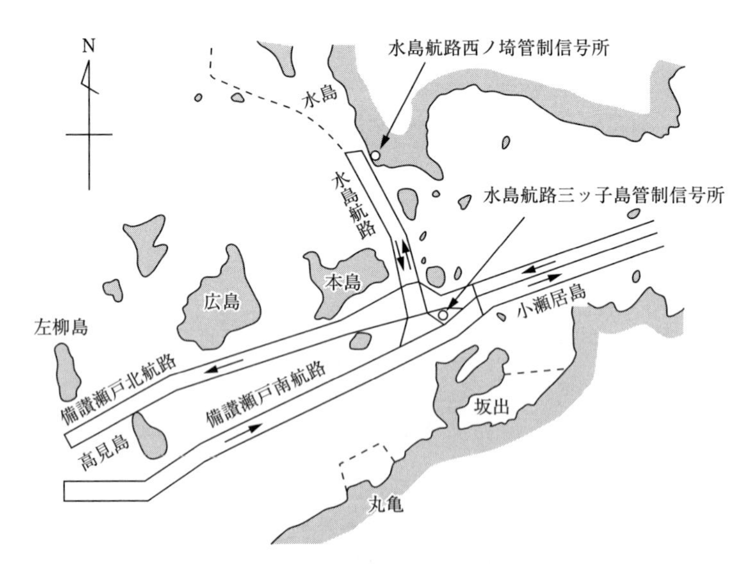

図 3―10　備讃瀬戸西部の航路

④　宇高東航路又は宇高西航路をこれに沿つて航行している船舶は，備讃瀬戸東航路をこれに沿つて航行している巨大船と衝突するおそれがあるときは，当該巨大船の進路を避けなければならない（法17条1項）。

⑤　航行し，又は停留している船舶（巨大船を除く。）は，備讃瀬戸東航路をこれに沿つて航行し，同航路から北の方向に宇高東航路に入ろうとしており，又は宇高西航路をこれに沿つて南の方向に航行し，同航路から備譲瀬戸東航路に入ろうとしている巨大船と衝突するおそれがあるときは，当該巨大船の進路を避けなければならない（法17条2項）。

(5)　備讃瀬戸北航路（びさんせときたこうろ），備讃瀬戸南航路（びさんせとみなみこうろ），水島航路（みずしまこうろ）

①　船舶は，備讃瀬戸北航路をこれに沿つて航行するときは，西の方向に航行しなければならない（法18条1項）。

②　船舶は，備讃瀬戸南航路をこれに沿つて航行するときは，東の方向に航行しなければならない（法18条2項）。

③　船舶は，水島航路をこれに沿つて航行するときは，できる限り，同航路の中央から右の部分を航行しなければならない（法18条3項）。

④　海上保安庁長官は，水島航路をこれに沿つて航行しようとする巨大船と巨大船以外の他の船舶（長さが70メートル以上のものに限る。）とが同航路内において行会うことが予想される場合において，その行会いが危険であるとするときは，当該他の船舶に対し，信号その他の方法により，当該巨大船との航路内における行会いを避けるため必要な間航路外で待機すべき旨を指示することができる（法18条4項）。

⑤　水島航路をこれに沿つて航行している船舶（巨大船及び漁ろう船等を除く。）は，備讃瀬戸北航路をこれに沿つて西の方向に航行している他の船舶と衝突するおそれがあるときは，当該他の船舶の進路を避けなければならない（法19条1項）。

⑥　水島航路をこれに沿つて航行している漁ろう船等は，備讃瀬戸北航路をこれに沿つて西の方向に航行している巨大船と衝突するおそれがあるときは，当該巨大船の進路を避けなければならない（法19条2項）。

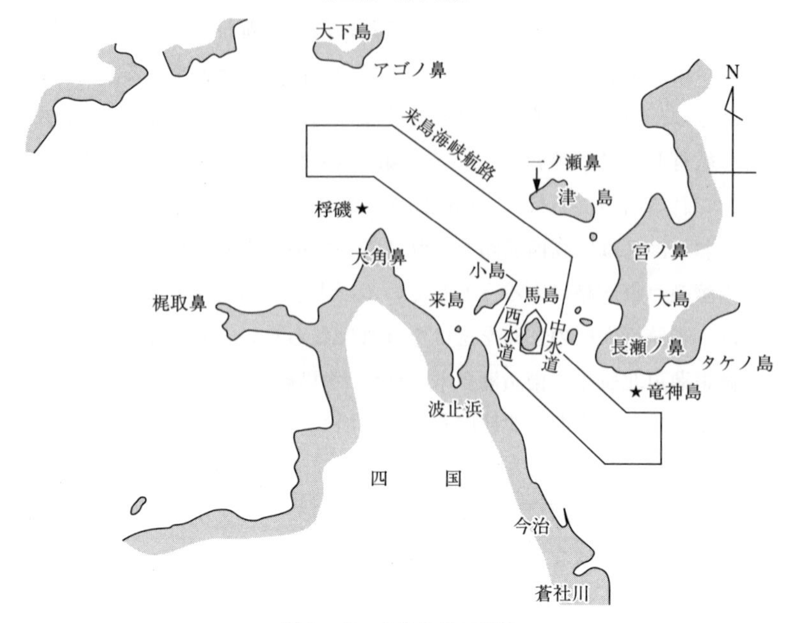

図 3―11　来島海峡の航路

⑦　備讃瀬戸北航路をこれに沿って航行している船舶（巨大船を除く。）は，水島航路をこれに沿つて航行している巨大船と衝突するおそれがあるときは，当該巨大船の進路を避けなけらばならない（法 19 条 3 項）。

⑧　航行し，又は停留している船舶（巨大船を除く。）は，備讃瀬戸北航路をこれに沿つて西の方向に若しくは備讃瀬戸南航路をこれに沿つて東の方向に航行し，これらの航路から水島航路に入ろうとしており，又は水島航路をこれに沿つて航行し，同航路から西の方向に備讃瀬戸北航路若しくは東の方向に備讃瀬戸南航路に入ろうとしている巨大船と衝突するおそれがあるときは，当該巨大船の進路を避けなければならない（法 19 条 4 項）。

(6)　来島海峡航路（くるしまかいきょうこうろ）

①　船舶は，来島海峡航路をこれに沿つて航行するときは，次の各号に掲げる航法によらなければならない。この場合において，これらの航法に

よつて航行している船舶については，海上衝突予防法における狭い水道などにおける右側端航行義務の規定を適用しない（法20条）。

一　順潮の場合は来島海峡中水道（以下，中水道（なかすいどう））を，逆潮の場合は来島海峡西水道（以下，西水道（にしすいどう））を航行すること。ただし，これらの水道を航行している間に転流があつた場合は，引き続き当該水道を航行することができることとし，また，西水道を航行して小島（おじま）と波止浜（はしはま）との間の水道へ出ようとする船舶又は同水道から来島海峡航路に入って西水道を航行しようとする船舶は，順潮の場合であつても，西水道を航行することができることとする。

二　中水道を経由して航行する場合は，できる限り大島（おおしま）及び大下島（おおげしま）側に近寄つて航行すること。

三　西水道を経由して航行する場合は，できる限り四国側に近寄って航行すること。この場合において，西水道を航行して小島と波止浜との間の水道へ出ようとする船舶又は同水道から来島海峡航路に入つて西水道を航行しようとする船舶は，その他の船舶の四国側を庇行しなければならない。

この他，巨大船，長大物件曳航船（えいこう），危険物積載船の航路航行に関する通報，危険防止のための交通制限，灯火などが定められている。

3　港則法（こうそくほう）

3.1　沿革と目的

1898年（明治31年）に開港を対象とした開港港則が初めて制定され，1948年（昭和23年）には従来の制度を一新した全国で数百の港を対象とする港則法（以下，法）が定められ，種々の改正を経て現在に至っている。

港では，多くの大型船や小型船が狭い水域を混雑して航行または停泊するため，港外に比べて航行上の危険性は大きい。この危険性を小さくするために港則法が設けられている。法の目的（法1条）は，港内における船舶交通の安全と港の機能を維持するための整頓であり，適用港は約500港を数える。

3.2　雑種船，特定港（第3条）

①　雑種船とは，汽艇（きてい），はしけ及び端舟（たんしゅう）その他ろかいのみをもって運転しまたは主としてろかいをもって運転する船舶をいう。これらの船舶は，いずれも小型のもの，あるいは主として港内を航行するものであって，その航法などを他の船舶と同等に取扱うと，かえって混乱を生じ，港の機能を阻害する結果を招くおそれがあるので，種々の規制のために定義された。

②　特定港とは，外国船舶が常時出入し，あるいは，喫水の深い船舶が出入できる港であり，約80港が指定されている。特定港は，その規模も大きく，大小船舶が輻輳するので，各港ごとに港長（こうちょう）が配置され，港内の交通安全について監督している。

3.3　入出港と停泊

①　特定港に入出港する場合は，入出港の届出をしなければならない（法4条）。

②　特定港においては定められた所定水域への停泊，特定港のうち函館，京浜，大阪，神戸，関門，長崎，佐世保の7大港においては，港長からびょう地の指定を受けなければならない（法5条）。

③　特定港のうち，函館，京浜，大阪，神戸，関門，長崎，佐世保の7港においては，原則として夜間に入港してはならない（法6条）。

3.4　航路，航法

①航路航行義務（法12条）

雑種船以外の船舶は，特定港に出入・通過する場合は，航路によらなければならない。

②航路内における投びょうの制限（法13条1項）

港則法の航路内は狭いので，海難を避けるとき，運転の自由を失ったときなどの他は，投びょうしたり，曳航される船を放してはならない。

③航路航行船優先（法14条1項）

航路外から航路に入り，又は航路から航路外に出ようとする船舶は，航路を航行する他の船舶の進路を避けなければならない。

④航路内での並列航行禁止（法14条2項）

港則法の航路の幅は狭く，船舶交通が輻輳しているので，航路内では並列航行は禁じられている。

⑤航路内での他船と行会う場合の右側通航（法14条3項）

航路の幅が狭いので，常時ではなく，他の船舶と行会う場合に，右側航行しなければならない。

⑥航路内での追越し禁止（法14条4項）

⑦出船優先（でふねゆうせん）（法15条）

図3－12に示すように，防波堤の入口付近は可航水域も狭く，操船が自由ではないので，出入船が出会うことを予防するために入航船は，防波堤内の船舶が出航してから，入航を開始しなければならない。

⑧港内における適度の速力（法16条）

港内では，他船に危険を及ぼさないような速力で航行しなければならない。

⑨右小回り左大回りの航法（法17条）

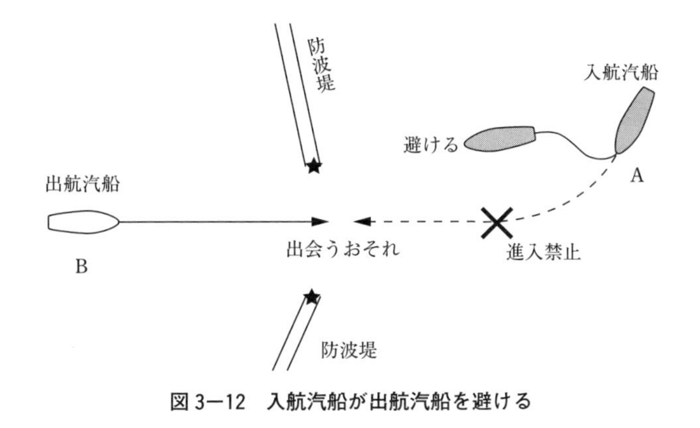

図3―12　入航汽船が出航汽船を避ける

港内の防波堤，埠頭，停泊船の付近などは前方の見通しが不十分である。右側通航の原則により，これらを右に見て航行する船舶は，できる限りこれに近寄り，左に見て航行する船舶は，できる限り遠ざかって航行しなければならない。

⑩　雑種船の避航義務（法 18 条）

港内では，大小船舶が輻輳（ふくそう）しているので，操船の容易な雑種船に対し避航義務を課し，雑種船は，雑種船以外の船舶の進路を避けなければならない。

前述した規定は原則で，各適用港の事情に応じた適切な特則が港ごとに定められている。この他，危険物積載船に関する規定，水路の保全に関する規定，灯火などに関する規定がある。

第2章　船舶に関する法規

1　船舶法

1.1　意　　義

船舶法（以下，法）は，日本船舶の海事行政上の保護や取締りのため，1899年（明治32年）に制定され，その後改正を重ねて現在に至っている。

船舶法は，日本船舶の要件を明らかにし，船舶の総トン数など船舶の個性を識別するために，必要な事項の登録と船舶国籍証書について規定するとともに，船舶の航行に関する行政上の取締を定めた船舶に関する基本的なことがらを規定している。この他に，船舶に関する日本船舶の国籍取得の要件を定めていることから，国際法上の意義も見逃すことはできない。具体的には，日本船舶の範囲，国旗掲揚の制限，不開港場寄港等制限，船籍港，総トン数測度，船舶国籍証書などに関して定められている。

1.2　船舶の定義

船舶法において，船舶の定義は定められておらず，社会通念上の船舶を指すものと解されている。すなわち船舶とは，水上に浮揚して，人や貨物を積載できる構造を持ち，水上を移動することができる構造物である。建造中の船舶については，航行能力を有しないので船舶ではなく，進水式を限度とし船舶として取り扱われる。

1.3　船舶の国籍

船舶は，国際法上，固有の国籍を持っている。世界各国の国籍付与の方針は，船舶所有者などが一定比率以上自国民であることを要件とする所有者主義，船長その他の乗組員が一定比率以上自国民であることを要件とする乗組員主義，自国での船舶の建造を要件とする製造地主義，さらに，一定の登録税を納める限り，自由に登録を認め国籍を付与する便宜置籍の制度などがある。

日本においては，所有者主義が採用され，所有者全員が日本国籍を有していることが絶対要件となっている（法１条）。

1.4　日本船舶

日本船舶の要件は，船舶所有権者が日本国籍を有する自然人または法人で（法１条），具体的には，次の船舶が日本船舶となる。

① 日本の官庁，公署の所有に属する船舶
② 日本国民の所有に属する船舶
③ 日本に本店を有する商事会社であって，合名会社にあっては社員の全員，合資会社にあっては無限責任社員の全員，株式会社および有限会社にあっては取締役の全員が日本国民であるものの所有に属する船舶
④ 日本に主たる事務所を有する法人であって，その代表者の全員が日本国民であるものの所有に属する船舶。

ただし，日本船舶であっても次の船舶は，船舶法の適用が除外されている。

① 総トン数 20 トン未満の船舶
② 海上自衛隊の船舶

1.5　日本船舶の権利と義務

権利としては，日本国旗掲揚権，日本の不開港（関税法で定められた，貨物の輸出入や外国貿易船の出入を勘案した港）への寄港権がある。義務としては，船籍港を定める義務，総トン数の測度申請義務，船舶登録簿に登記する義務，船舶原簿の登録する義務，船舶国籍証書の検認を受ける義務，日本国旗の掲揚義務，船舶の名称などの表示義務がある。

1.6　船舶国籍証書

船舶国籍証書は，日本の国籍を有すること及び当該船舶の個性や同一性を証

明する公文書であり，船舶の新規登録が完了した際に，船籍港を管轄する管海官庁から船舶所有者に交付される。船舶の国際航行にあたり，日本国の国籍証明のための重要な書類であるので，船長はこれを船内に備え置くことが義務付けられている（船員法18条）。

日本船舶の所有者が登記をし，船籍港を管轄する管海官庁に備えてある船舶原簿に登録する申請書類を差し出し，管海官庁は船舶原簿に登録すれば，当該管海官庁から船舶国籍証書が交付される（法5条）。また，必要であれば，船舶国籍証書などの英訳書の交付を受けることができる。

1.7　仮船舶国籍証書

仮船舶国籍証書とは，船舶が日本国籍を有することおよび当該船舶の同一性を一時的に証明する公文書である。これは，船舶国籍証書の交付，船舶国籍証書の書き換え，船舶国籍証書の再交付を受けることができる船舶に対して特定の場合に交付されるもので，一時的に証明され有効期間がある（法17条）。

2　船員法

2.1　沿革と目的

船員法は，陸上労働者の保護立法より以前の1899年（明治32年）に制定されたが，当初は船員の保護規定よりも取締り規定の方が多かった。1947年（昭和22年）に全面改正され，近代的な労働保護法として整備された。その後，数次の改正を経て，1982年（昭和57年）にSTCW条約（1978年の船員の訓練および資格証明ならびに当直の基準に関する国際条約）の国内実施及び船員制度の近代化のための改正などを経て現在に至っている。

船員法（以下，法）は，船員の給料・労働時間その他の労働条件の基準，船長の職務権限，船内紀律などに関する法律である。その構成は，総則，船長の職務及び権限，紀律，雇入契約など，給料その他の報酬，労働時間，休日及び定員，有給休暇・食料並びに安全及び衛生，年少船員，女子船員，災害補償，就業規則，監督などとなっている。

2.2　船員法の基本原則

海上労働の特殊性に鑑み，船員に対しては，船員の労働基準法ともいうべき船員法が適用されるが，船員も労働者として，その本質においては，陸上の一般労働者と変わらない。そこで船員法は，労働基準法（以下，労基法という）中，生活の保障，労働の自由と平等などの保障，公民権行使の保障などに関する労働憲章的規定は，船員についても適用するものとし，船員法の基本原則としている（法6条，労基法1条～11条，117～119条，121条）。

①労働条件の原則

労働条件は，船員が人たるに値する生活を営むための必要をみたすことができるものでなければならない。船員法は，船舶所有者が船員を雇用する場合の労働条件の最低基準を定めたものであるから，船舶所有者は，この船員法の基準を理由として，船員法の基準まで引き下げてはならないことはもちろん，常にその向上を図るように努めなければならない（労基法1条）。

②労働条件の決定

労働条件の決定に際しては，船員と船舶所有者とが対等の立場であること。また，労働組合と船舶所有者との間に結ばれる労働協約や船舶所有者の定めた就業規則，船舶所有者と船員との間に結ばれた労働契約を互いに尊重し遵守しなければならない（労基法2条）。

③均等待遇，男女同一賃金の原則

船舶所有者は，船員の国籍，信条又は社会的身分を理由として，賃金・労働時間その他の労働条件について，差別的取扱いをしてはならず，船員が女子であることを理由とし，賃金について，男子と差別的取扱をしてはならない（労基法3条，4条）。

④強制労働の禁止

船舶所有者は，暴行，監禁その他精神的身体的な不当拘束によって，船員の意志に反して労働を強制してはならない（労基法5条）。

⑤中間搾取の排除

労働ブローカーの存在を否定し，また，船員の就職後船員に渡される報酬が第三者により中間詐取されることを禁止した。

⑥公民権行使の保障

船舶所有者は，船員が労働時間中に，国民に保障されている公民としての権利を行使し，又は国会議員，地方議員などの職務，証人としての裁判所への出頭など公の職務を執行するために必要な時間を請求した場合に，拒んではならない（労基法7条）。

本書において，各論は，船長の職務権限，義務と船内紀律についてのみ説明する。

2.3　船長の職務権限

法は，船舶共同体の安全確保の責任者としての船長に，公法上一定の権限を与え，義務を課すとともに，船内紀律について規定し，船舶共同体の安全を確保しようとしている。この船舶共同体の安全確保の考えは，船舶所有者の利益の保護ではなく公益的見地のものである。主なものを揚げる。

⑴船長権限

船長は，海員（船内での船長以外の乗組員）を指揮監督し，かつ，船内にある旅客などに対し，その職務を行うにつき，必要な命令をすることができる（法7条）。船内の秩序をみだす海員に対しては懲戒権を有し，その他一定の強制権を行使できる（法25条～28条）。

⑵懲戒権（ちょうかいけん）

船長は，船内紀律を守らない海員を懲戒することができる（法22条）。懲戒は，上陸禁止と戒告の2種がある。

⑶強 制 権

船長は，海員，旅客などが，凶器，爆発又は発火しやすい物，劇薬その他の危険物を所持するときは，その物につき保管，放棄などの必要な処置をすることができる。また，船内にある者の生命，身体又は船舶に危害を及ぼすような行為をしようとする海員その他船内にある者に対し，その危害を避けるのに必要な処置をすることができる（法25～27条）。

船長は，海員が雇入契約の終了の公認があった後船舶を去らないときは，その海員を強制して船舶を去らせることができる（法28条）。

⑷行政庁に対する援助の請求

船長は，海員・旅客などが人命や船舶に危害を及ぼしたり，船内の秩序を著しくみだすような場合，必要があると認めたときは，行政庁の援助を求めることができる（法29条）。

⑸司法警察員としての職務

遠洋区域，近海区域又は沿海区域を航行する総トン数20トン以上の船舶の船長は，船内における犯罪につき，司法警察員として，犯罪の捜査，犯人の逮捕などの行為を行う（刑事訴訟法190条など）。

⑹船内死亡者に対する処置

船長は，船舶の航行中，船内にある者が死亡したときは，命令の定める一定の条件のもとに，これを水葬に付すことができる（法15条）。

⑺戸籍吏（こせきり）の職務

航海中に出生又は死亡があったときは，船長は戸籍吏の職務を担当する（戸籍法55条）。

2.4　船長の義務

法は，船舶共同体の安全確保の責任者としての船長に，公法上一定の義務を与えている。主なものを揚げる。

⑴在船義務

船長は，やむを得ない場合を除いて，自己に代わって船舶を指揮すべき者にその職務を委任した後でなければ，荷物の船積及び旅客の乗込の時から荷物の陸揚及び旅客の上陸の時まで，自己の指揮する船舶を去ってはならない（法11条）。

⑵甲板上（こうはんじょう）の指揮

船長は，船舶が港を出入するとき，船舶が狭い水路を通過するとき，その他船舶に危険のおそれがあるときは，甲板上にあって，自ら船舶を指揮しなければならない（法 10 条）。

⑶発航前（はっこうまえ）の検査

発航前に，船舶が航海に支障がないかどうか堪航（たんこう）能力の検査をするほか，航海に必要な準備が整っているかどうかについて検査しなければならない（法 8 条）。

⑷航海の成就

船長は，航海の準備が終ったときは，遅滞なく発航し，かつ，必要がある場合を除いて，予定の航路を変更しないで到達港まで航行しなければならない（法 9 条）。

⑸船舶が衝突した場合における処置

船長は，船舶が衝突したときは，互いに人命及び船舶の救助に必要な手段を尽くし，かつ，船舶の名称，船籍港，発航港及び到達港を告げなければならない。ただし，自己の指揮する船舶に急迫した危険があるときは，この限りでない（法 13 条）。

⑹遭難船舶などの救助

船長は，他の船舶又は航空機の遭難を知ったときは，人命の救助に必要な手段を尽くさなければならない。ただし，自己の指揮する船舶に急迫した危険がある場合及び命令の定める一定の場合は，この限りでない（法 14 条）。

⑺異常気象などの通報

無線電信又は無線電話の設備を有する船舶の船長は，航行に危険を及ぼすおそれのある暴風雨，強風，漂流物，流氷，氷山，沈没物などに遭遇したときは，その日時，位置，風向，風力などについて，附近の船舶及び海上保安機関に通報しなければならない（法 14 条の 2）。

⑻非常配置表の作成及び掲示

船長は，衝突，火災，浸水などの非常の場合における海員の作業に関し非常配置表を定め，船員室その他適当な場所に掲示して置かなければならない（法 14 条の 3－1 項）。

⑼操練の実施及び旅客に対する避難要領などの周知

船長は，防火操練（そうれん），救命艇操練，救助艇操練，防水操練及び非常操舵操練を実施しなければならない（法 14 条の 3－2 項）。

⑽航海当直の実施

船長は，航海当直の編成及び航海当直を担当する者がとるべき措置について告示で定める航海当直基準に従って，適切に航海当直を実施するための措置をとらなければならない（法 14 条の 4）。

⑾巡視制度

船長は，船舶の火災の予防のための巡視制度を設けなければならない（法 14 条の 4）。

⑿水密の保持

船長は，船舶の浸水を防止するため，水密隔壁の水密戸の発航前閉鎖，一定の舷窓の水密閉鎖その他の船内開口の水密閉鎖を行い，船舶の水密を保持するとともに，海員がこれを遵守するよう監督しなければならない（法 14 条の 4）。

⒀非常通路及び救命設備の点検整備

船長は，非常の際に脱出する通路，昇降設備及び出入口並びに救命設備を毎月 1 回以上点検整備しなければならない（施則 3 条の 9）。

⒁船上教育など

船長は，海員に対し，当該船舶の救命設備及び消火設備の使用方法に関する船上教育及び船上訓練，海上における生存方法に関する船上教育並びに救命いかだの使用方法に関する船上訓練を一定の間隔で実施しなければならない。なお，船上訓練を行ったときは，その概要を航海日誌に記載しなければならない（施則 3 条の 12）。

⒂操舵設備の作動

2 つ以上の動力装置を同時に作動することができる操舵設備を有する船舶の船長は，船舶に危険のおそれがある海域を航行する場合には，当該 2 つ以上の動力装置を作動させておかなければならない（施則 3 条の 14）。

⒃船舶書類備置義務

船長は，船舶国籍証書若しくは仮船舶国籍証書，航行認可書又は船籍票，海員名簿，航海日誌，旅客名簿，積荷に関する書類を船内に備え置かなければならない（法 18 条）。

⒄航行に関する報告義務

船長は，次の場合には，行政官庁にその旨を報告しなければならない（法 19 条）。いわゆる，海難報告である。

① 船舶の衝突，乗揚，沈没，滅失，火災などの損傷，その他の海難が発生したとき
② 人命又は船舶の救助に従事したとき
③ 無線電信によって知ったときを除いて，航行中他の船舶の遭難を知ったとき
④ 船内にある者が死亡し，又は行方不明となったとき
⑤ 予定の航路を変更したとき
⑥ 船舶が抑留され，又は捕獲されたとき，その他船舶に関し著しい事故があったとき

2.5 船内紀律

船舶共同体の安全確保のために，船員法は，先に述べたように，船長に一定の職務権限と義務を課しているが，海員に対し船内秩序の維持のため，次の事項を守らなければならないとしている（法 21 条）。主なものを揚げる。

① 上長の職務上の命令に従うこと
② 職務を怠り，又は他の乗組員の職務を妨げないこと
③ 船長の指定する時までに船舶に乗り込むこと
④ 船長の許可なく船舶を去らないこと
⑤ 船長の許可なく救命艇その他の重要な属具を使用しないこと
⑥ 船内の食料又は淡水を濫費（らんぴ）しないこと
⑦ 船長の許可なく電気若しくは火気を使用し，又は禁止された場所で喫

煙しないこと

⑧　船長の許可なく日用品以外の物品を船内に持ち込み，又は船内から持ち出さないこと

⑨　船内において争闘，乱酔その他粗暴の行為をしないこと

⑩　その他船内の秩序を乱すようなことはしないこと

2.6　争議行為の制限

労働者の争議権は，憲法により保障されているが，船員法は，海上労働の特殊性にかんがみ，労働関係に関する争議行為は船舶が外国の港にあるとき，又はその争議行為により人命若しくは船舶危険が及ぶようなときはしてはならない旨を規定して，船員の争議行為を一定の場合に禁止している（法30条）。

3　船舶職員及び小型船舶操縦者法

3.1　沿革と目的

船舶職員として船舶に乗り組ませるべき者の資格並びに小型船舶操縦者として小型船舶に乗船させるべき者の資格及び遵守事項などを定め，もって船舶の航行の安全を図ることを目的とする（法1条）。

船舶航行の安全を図るため多くの法律が制定されているが，本法は，船舶運航のソフト面ともいうべき人的資質の面から船舶の航行安全を確保するために制定された。船舶職員，小型船舶操縦者として船舶を航行させることができる者の資格を免許制度とし，その能力と乗組員数を主として定めている。2003年（平成15年）に，従来の船舶職員法から船舶職員及び小型船舶操縦者法（以下，法）とした改正があった。これは，小型船舶を利用した水上レジャーの活動が活発化し，小型船舶による海難が増加の傾向にあることから，大型船と同様に小型船舶操縦者の資質の面から航行の安全を図ることを目的としてなされた。以下，小型船舶操縦者に係る部分については，説明を省略する。

3.2　適用船舶（法2条1項）

① 日本船舶（船舶法1条）

② 日本船舶を所有することができる者が借り入れた日本船舶以外の船舶

③ 本邦の各港間，若しくは湖，川，若しくは港のみを航行する日本船舶以外の船舶

3.3　船舶職員と海技士（かいぎし）

船舶職員とは，船舶において船長，航海士，機関長，機関士，通信長及び通信士の職務を行う者をいう（法2条2項）。また，近代化船（船舶の設備その他の事項に関し国土交通省令で定める基準に適合する船舶）において，航海士の行う船舶の運航に関する職務のうち政令で定めるもののみを行う職務，機関士の行う機関の運転に関する職務のうち政令で定めるもののみを行う職務などを行う者を含み（法2条3項），それらは運航士（うんこうし）と呼ばれる。

海技士とは，法4条の規定による海技免許を受けた者をいう（法2条5項）。船舶職員になろうとする者は，海技士の免許を受けなければならず（法4条1項），海技士の免許は，国土交通大臣が行う海技士国家試験に合格し，かつ，その資格に応じ国土交通大臣が指定する講習の課程を修了した者について行われる（法4条2項）。受験にあたって，試験合格の他に講習の課程の修了を必要としているのは，STCW条約（1978年の船員の訓練および資格証明ならびに当直の基準に関する国際条約）が資格証明の中の一部分について，実技能力を重視する考え方をとっていることに従ったものである。

3.4　海技免許（かいぎめんきょ）

法は，船舶職員について免許主義を採用し，海技免許を受けた者，すなわち海技士以外の者に対して，船舶職員となることを禁止して，海技士の資格及び内容を定めている。海技免許を与えるに際しては，厳格な国家試験を行い，技能を確認するとともに，欠格条項（法6条）を設けて船舶職員としての適格性を確保している。

海技士の免許は，一級～六級海技士（航海），一級～六級海技士（機関），一級～三級海技士（通信），一級～四級海技士（電子通信）などの19種の資格について与えられる（法5条1項）。

これらの資格は，航海系統，機関系統，通信系統，電子通信系統に分けられ，それぞれ同一系統の間には，上級，下級の別を設け，上級の資格は下級の資格を包括することとした。この序列は，前述した海技士免許の順序によっている。ただし，一級海技士（通信）の資格は，海技士（電子通信）の資格の上級とされる（法5条8項）。

3.5　海技免状の有効期間

海技免状の有効期間は5年とする（法7条の2−1項）。有効期間はその期間の満了の際，申請により更新することができる（法7条の2−2項）。また，海技免状の有効期間の更新のための要件は，第二種身体検査基準を満たし（規則9条の2別表第3），かつ，次のいずれかの要件に該当しなければならない（法7条の2−3項）。

① 国土交通省令で定める乗船履歴を有すること。海技士（航海又は機関），海技士（通信）及び海技士（電子通信）は1年の乗船履歴がそれぞれ必要である（規則9条の3−1項）。

② ①の乗船履歴を有する者と同等以上の知識及び経験を有する者であると国土交通大臣が認めたこと。

③ 国土交通大臣の指定する講習の課程を修了していること。

3.6　海技免許の取消など

(1) 海難審判法上の懲戒は，海技免許の取消，業務の停止（1月以上3年以下）又は戒告（かいこく）の3種類である（海難審判法5条）。

(2) 本法における懲戒

① 海技士が本法又は本法に基づく命令の規定に違反したとき

② 船舶職員として職務又は小型船舶操縦者としての業務を行うにあた

り，海上衝突予防法その他の法令の規定に違反したときのいずれかに該当するときは，国土交通大臣は，海技免許の取消，業務の停止（2年以内），又は戒告をすることができることとしている（法10条1項）。ただし，これらの事由によって発生した海難について海難審判庁が審判を開始したときは，処分をすることはできない（法10条1項ただし書）。

⑶　心身障害者に対する海技免許の取消

国土交通大臣は，海技士が心身の障害により船舶職員の職務を適正に行うことができない者として国土交通省令で定める者になったと認めるときは，その海技免許を取り消すことができる（法10条2項）。

3.7　乗組み基準と乗船基準

法は，船舶職員として船舶に乗り組ませるべき者及び小型船舶に乗船させるべき者の資格及び遵守事項などの人的資質を定め，船舶の航行の安全を図ることを法の目的として制定されたものである。この目的を達成するため，乗組み基準と乗船基準が規定されている。その基準は，船舶の用途，航行区域，大きさ，構造，推進機関の出力，操縦に必要な知識その他の船舶の航行の安全に関する事項を考慮して，決められている。船舶所有者は，法18条及び政令2条の規定により，政令別表第1に定める船舶職員として船舶に乗り組ますべき者に関する基準に従い，海技免状を受有する海技士を乗り組ませなければならない（法18条）。

3.8　海技士国家試験

⑴試験の目的

海技士国家試験は，船舶職員として必要な知識および能力を有するかどうかを判定するため身体検査及び学科試験が行われる（法13条）。

⑵試験期日による種別

定期試験と臨時試験があり，その期日，場所，試験申請書の提出期限その他必要事項は国土交通大臣が告示する（施行規則を以下施則，施則22

条)。

(3)学科試験の種別

筆記試験および口述試験があり（施則23条），学科試験は施則別表7の試験の種別ごとに掲げる試験科目について行い（施則43条），筆記試験に合格しない者に対しては口述試験は行われない（施則44条）。学科試験科目は，たとえば，海技士（航海）試験や船橋当直三級海技士（航海）試験では，航海に関する科目，運用に関する科目，法規に関する科目，および英語に関する科目がある。

(4)身体検査

身体検査は施則別表3の項目の欄の項目別に行い，身体検査基準としての甲種合格と乙種合格がある。身体検査を受けた日から甲種合格の場合は1年以内，乙種合格の場合は3カ月以内に試験の申請をしたときは，身体検査は省略することができる（施則51条）。

(5)筆記試験に関する特則

① 海技士国家試験の学科試験のうちの筆記試験については乗船履歴は必要とされない（法14条，施則36条）。

② 併科(へいか)試験を受けることができる（施則38条）。併科試験は試験科目の申請を同時に行うことができるもので，定期試験および国土交通大臣がとくに指定する臨時試験に限られ（施則38条），下級資格の筆記試験に合格しない者についての上級資格にかかわる筆記試験は無効となる（施則47条）。また，併科試験であわせて受けた筆記試験で一部の試験科目が合格しても，筆記試験の一部免除の規定は適用されない（施則53条）。

4　船舶安全法

4.1 沿　革

わが国の船舶の安全に関する法規は，1872年（明治5年）の船灯規則に始まり，1896年（明治29年）の船舶検査法，1921年（大正10年）の船舶満載吃水線法，1925年（大正14年）の船舶無線電信施設法などを柱として大正末期頃には関係法規が整備されていた。1912年（明治45年）のタイタニック号事件をきっかけに，船舶の構造・設備などについての国際標準を協定することが進展し，1914年（大正3年）には海上における人命の安全のための国際条約（International Convention on Safety of Life at Sea：SOLAS条約）が成立した。しかし，同年，第一次世界大戦が勃発（ぼっぱつ）し，発効には至らなかったが，1933年（昭和8年）に「SOLAS条約」は発効した。また，当時，沈没原因として多かった「過積載」を防止するための国際的基準を作成するため，これと並んで1933年（昭和8年）に国際満載吃水線条約（International Convention on Load Lines：LL条約）が発効した。わが国では，この2つの条約を国内法化し，併せて既存の船舶安全関係法規を整備・統合・廃止する形で，1933年（昭和8年）に船舶安全法（以下，法）が制定された。以後，SOLAS条約など関係条約の批准に合わせて，逐次，本法は改正されて現在に至っている。

4.2 目　的

本法第1条には，「日本船舶は本法により，その堪航性（たんこうせい）を保持し，かつ，人命の安全を保持するに必要な施設をなすにあらざれば，これを航行の用に供することを得ず」として，堪航性の保持と人命の安全保持という2つの視点から船舶の安全を確保することを宣言し，本法の目的を明確にしている。

堪航性とは，海上において通常予想される自然の脅威に耐え，また運航上の危険を回避し，安全に目的地まで到達することができる船舶の性能のことをいう。

4.3　用語の意義

主なものを次に説明する。

①旅客船および非旅客船

旅客船とは，旅客定員が12名をこえる船舶をいう（法8条1項）。旅客定員13名以上が許された船舶は，実際に旅客が乗船していなくても旅客船となる。旅客定員が12名以下の船舶は非旅客船となる。

②国際航海

一国と他国との間の航海をいう。この場合，植民地など，一国が国際関係で責任を有する地域や国連が施政権者である地域はそれぞれ別の国とみなされる（則1条1項）。また，国際航海は，短国際航海（航行中の船舶が常に乗船者の安全を期しうる港から200海里以内にあり，かつ，その航海を開始した国の最後の港から最終到達港までの距離が600海里をこえない航海）と長国際航海（短国際航海以外の国際航海）の2種がある（船舶救命設備規則1条の 2，5 項）。

③危険物ばら積船

危険物船舶運送及び貯蔵規則第2条1号に規定されている危険物のうち，ばら積液体物質（液化高圧ガス類，引火性液体類，有害性液体類，液体化学薬品類など）を運送するための構造を有する船舶をいう（則1条3項）。

④特 殊 船

原子力船，潜水船，水中翼船，エアクッション船，海底資源掘削船，半潜水型または甲板昇降型の船舶，および潜水設備を有する船舶その他特殊な構造または設備を有する船舶で告示で定めるものをいう（則1条4項）。

4.4　安全基準

船舶の安全確保のための要件を満たすために，多くの関係規則で，船舶の構造・施設・設備についてその内容や技術的な基準を規定しているが，その主な規則を説明する。

⑴鋼船(こうせん)構造規程（昭和15年通信省令第24号）

鋼船の船体材料などの材質，強度，工作法や船体部材などの構造，材料，寸法あるいは船体と密接に関係するような設備などの技術的な基準を定めている。

⑵船舶機関規則（昭和59年運輸省令第28号）

船舶の主機（内燃(ないねん)機関・蒸気タービン・ガスタービンなど）や補機，ボイラー動力伝達装置，プロペラ，圧力容器，管装置など，いわゆる機関全般にわたって，その要件，構造，施設，設備，備品などの基準を定めている。

⑶船舶設備規程（昭和9年通信省令第6号）

船舶に装備されるべき設備（居住設備，衛生設備，脱出設備，係船設備，操舵設備，航海用具，荷役設備，電気設備，特殊設備，無線設備など）についての技術基準を定めるとともに，航行区域や総トン数，船の長さなどの基準に基づいて，それぞれ装備すべき設備の内容，数量などを規定している。

⑷船舶救命設備規則（昭和40年運輸省令第36号）

船舶を旅客船であるかどうか，国際航海するかどうかといった視点から4種類のタイプに区分し，それらの船舶に装備すべき救命設備の要件，数量，積付方法などについての技術基準を規定している。

船舶救命設備規則で区分されている船舶の種類は以下のとおり（船舶救命設備規則1条の2）。

①　第1種船：国際航海に従事する旅客船

②　第2種船：国際航海に従事しない旅客船

③　第3種船：国際航海に従事する総トン数500トン以上の非旅客船

④　第4種船：国際航海に従事する総トン数500トン未満の非旅客船

⑸船舶防火構造規則（昭和55年運輸省令第11号）

船舶における火災の発生とその拡大を防止するために必要な船舶の構造・設備，防火措置などについての技術基準を規定している。

⑹船舶消防設備規則（昭和40年運輸省令第37号）

船舶に装備すべき消防設備の要件，数量，備付方法についての技術基準を規定している。

⑺船舶自動化設備特殊規則（昭和58年運輸省令第6号）

自動化船に装備されるべき自動化設備（船内における作業を軽減するため，当該船舶に装備される設備）の要件などの技術基準を規定している。

⑻満載喫水線規則（昭和43年運輸省令第33号）

法第3条に基づいて，満載喫水線の種類，表示方法などの技術基準を規定している。

⑼船舶区画（くかく）規程（昭和27年運輸省令第97号）

船内に浸水した場合でも，局所に止めて，安全を確保することのできるように，水密区画，水密隔壁，二重底，排水装置などについて，その構造，寸法，要件，設備などの技術基準を規定している。

4.5　航行上の条件

本法は，「航行上の条件」を設け，その条件に合った船舶の構造・施設・設備を義務づけるという方法をとっている。当然，条件（制約）が厳しくなれば，それに応じて船舶の構造・施設・設備の充実度が緩和され，逆に条件が緩くなれば，強化されることになる。そのバランスは，本法の目的である，堪航性の保持と人命の安全確保が基準になっている。航行上の条件の内容は，「航行区域（漁船の場合は従業制限）」，「最大搭載人員」，「制限気圧」，「満載喫水線の位置」，「その他の航行条件」がある（法9条1項）。

⑴航行区域

航行区域は次の4種類に区分されている。

①平水区域（則1条6項）

湖，川，港内などの他，入江，湾，内海など

②沿海区域（則1条7項）

原則として，日本の陸地や特定の島から20海里以内の水域

③近海区域（則1条8項）

東は東経175度，南は南緯11度，西は東経94度，北は北緯63度の

線によって囲まれた水域

④遠洋区域（則1条9項）

世界中のすべての海域

⑵最大搭載人員

船舶に搭載が許される人員の最大限度のことを意味し，航行区域や居住設備などに応じて，決められている。

⑶制限気圧

蒸気ボイラを船内に持つ船舶は，過圧による爆発を防止するために，その使用圧力の最大限度を定める。これを制限気圧という。制限気圧はボイラの用途，構造，現状に応じ，船舶機関規則の基準に従って決定される（則10条）。

⑷満載喫水線

満載喫水線とは，載貨による船体の海中沈下が許される最大限度を示す線であり，その標示を要する船舶は，遠洋区域又は近海区域を航行区域とする船舶，沿海区域を航行区域とする長さ24メートル以上の船舶となっている（法3条）。満載喫水線の位置は，満載喫水線規則又は船舶区画規程の定めるところにより定められる（法9条，則11条）。

4.6　船舶の検査

本法に基づく技術基準に適合しているかどうかを管海官庁が定期的に点検監督することである。種々の検査があるが，定期検査と中間検査だけについて説明する。

⑴定期検査（法5条1項1号）

定期検査は，各検査の中でもっとも精密な検査で，船舶の構造・施設・設備の全般にわたって，船舶を日本船舶として初めて航行の用に供するとき，船舶検査証書の有効期間（5年）が満了したときに行う。定期検査は，船舶検査証書の有効期間内であっても，繰り上げて受検することができる（則第17条）。

⑵中間検査（法5条1項2号）

中間検査は，定期検査と定期検査の間に行う比較的簡易な検査で次のとおりとなっている。

① 第1種中間検査（定期検査と同様な範囲にわたって全般的に行う検査ではあるが，その程度は定期検査に比べ簡便）の時期は，旅客船では，定期検査又は第1種中間検査に合格した日から起算して12月を経過した日，国際航海に従事する長さ24メートル以上の船舶であって旅客船以外のものでは，定期検査又は第1種中間検査に合格した日から起算して24月を経過した日となっている。

② 第2種中間検査（とくに船舶の安全運航に重要な役割を果たすレーダーや無線設備，満載喫水線など特定の事項について行う簡便な検査）の時期は，国際航海に従事する長さ24メートル以上の船舶であって旅客船以外のものでは，定期検査，第一種中間検査又はその時期を繰り上げて受けた第2種中間検査に合格した日から起算して12月を経過した日となっている。

⑶船舶検査証書（法第9条1項）

船舶検査証書は，定期検査に合格した船舶に対して，管海官庁が航行上の条件を記載した上で交付するもので，当該船舶の構造施設・設備が本法に規定された堪航性・安全性基準を満足しているという合格証明書であるとともに，当該船舶を航行の用に供することができる航行許可証である。船舶検査証書の有効期間は5年である。交付される船舶検査証書の様式には，満載喫水線を標示する義務のある船舶用と，これが免除されている船舶用の2種類があり（則第33条），船舶検査証書は，船内の見やすい場所に掲示しておかなければならない（則40条1項）。

4.7　船舶検査手帳（法第10条の2）

船舶検査手帳は，管海官庁が最初の定期検査に合格した船舶に対して交付される。所定の船舶検査に関する事項を船舶検査官や船舶所有者が記載する公的な検査記録で，検査に際して検査来歴や過去の損傷，補修の程度などの記録は重要な参考になる場合が多い。

4.8　乗組員からの不服申立制度

本法の目的を達成するために，船舶の構造・施設・設備について諸規則で詳細な基準を定め，かつ，管海官庁などによる定期的な検査を義務づけているが，これだけでは必ずしも十分とはいえない。長期にわたり船内を仕事兼生活の場として当該船舶に生命を託している乗組員の意見を聞きながら適当な措置を講ずるための制度として，乗組員からの不服申立制度が設けられている。ただし，この制度の運用如何によっては労使関係が悪化したり，船内の統率が乱れる原因ともなり得るので，その濫用(らんよう)を防ぐために，不服申立最低必要人数や不服申立事項の範囲，不服申立手続きなどの要件を規定し，一定の制限を設けている（法13条，則50条）。管海官庁は，この申立てがなされた場合には，その事実の調査を行い，申立てが正当であれば修繕・改善命令や航行停止などの行政処分を行うことになり（法13条），虚偽であればその申立てをなした乗組員には罰則が適用される（法22条）。

第3章　その他の海事法規

1　海難審判法（かいなんしんぱんほう）

1.1　経緯と目的

現在の海難審判制度は，フランスの海員懲戒主義にならった明治初期の海員審問制度から端を発した海員懲戒法に始まり，昭和22年（1947年）にイギリスの海難制度と軌を一にした，海難原因探求主義の現海難審判法に改正された。その後，近年の陸・海・空の事故を踏まえ，運輸安全のより一層の確保が求められていることから，事故の再発防止機能の向上に向け，平成20年（2008年）に「運輸安全委員会」と「海難審判所」が設置されることになった。

海難審判法は，国土交通省に海難審判所を置き，海事に関する豊富な知識・経験を有する審判官による海難審判を通じて海技免許等の所有者に対し懲戒処分を行うことによって海上交通の安全確保を目的としている。また，運輸安全委員会は（Japan Transport Safety Board，略称JTSB，国土交通省の外局の一つ，米国家運輸安全委員会略称NTSBに倣った組織）は，航空事故・鉄道事故・船舶事故または重大インシデントの原因究明調査を行うとともに，調査結果に基づいて国土交通大臣または原因関係者に対し必要な施策・措置の実施を求め，事故の防止及び被害の軽減を図ることを目的としている。

1.2　法の体系

条文毎の解説は，本書の趣旨ではないので，法の体系を目次で示し，条文解説は，極力省略する。

第一章　総則（目的，定義，懲戒，懲戒の種類，懲戒免除，裁決の効力，第1条～第6条）

第二章　海難審判所の組織及び管轄

第一節　組織（第7条～第15条）

第二節　管轄（第十六条－第十八条）
第三章　補佐人（第19条～第23条）
第四章　審判前の手続（第24条～第29条）
第五章　審判（第30条－第43条）
第六章　裁決の取消しの訴え（第44条－第46条）
第七章　裁決の執行（第47条～第51条）
第八章　雑則（第52条－第57条）
附則

1.3　海　　難

審判の対象となる海難は，次のとおりである。

① 船舶の運用に関連して船舶又は船舶以外の施設の損傷（法2条1号）
② 船舶の構造，設備または運用に関連して人に死傷（同2号）
③ 船舶の安全または運航の阻害（同3号）

1.4　海難審判所の審判

一審制で，東京海難審判所では重大な海難を，地方の難審判所においてはそれ以外の海難を取り扱うことになっている。（法16条）また，審判は公開の審判廷で行われ（法31条），東京海難審判所においては3人の審判官，地方海難審判所においては通常1人の審判官で海難審判が行われる。

1.5　重大な海難

以下の海難は東京海難審判所で審判が行われる。（則5条）

・旅客のうちに，死亡者若しくは行方不明者又は2人以上の重傷者が発生したもの
・5人以上の死亡者又は行方不明者が発生したもの
・火災又は爆発により運航不能となったもの
・油等の流出により環境に重大な影響を及ぼしたもの

・次に掲げる船舶が全損となったもの

人の運送をする事業の用に供する13人以上の旅客定員を有する船舶，物の運送をする事業の用に供する総トン数300トン以上の船舶，総トン数100トン以上の漁船，前各号に掲げるもののほか，特に重大な社会的影響を及ぼしたと海難審判所長が認めたもの

1.6　懲　　戒

海難審判所は，海難が海技士並び小型船舶操縦者または水先人の職務上の故意または過失によって発生したものであるときは，裁決でもってこれを懲戒する。懲戒は，免許の取消し，業務の停止（1カ月以上3年以下），戒告で，その適用は所為の軽重による（法3条，4条）。免許の取消しを受けると，終身免許を与えられず，業務の停止はその停止期間中は免許を与えられない。

2　海洋汚染等及び海上災害の防止に関する法律

2.1　沿革と目的

20世紀中頃，海難による船舶からの油の流出を契機として，船舶からの油などの排出を国際的統一基準により規制しようとする動きが活発になった。日本では，1967年（昭和42年）に「船舶の油による海水の汚濁の防止に関する法律」（海水汚濁防止法）を制定することにより，「1954年の油による海水の汚濁のための国際条約」を批准した。この国際条約の改正に伴い，1970年（昭和45年）に「海洋汚染防止法」に改め，その後改正を重ね，1983年（昭和58年）に，海洋汚染及び海上災害の防止に関する法律の一部を改正する法律を制定して，当時のMARPOL 73／78条約を批准した。その後も，海洋汚染に関する国際条約の制定・改正に合わせて改正が重ねられ，油だけでなく有害液体物質や廃棄物による海洋汚染の防止や，船舶からの排ガスによる大気汚染の防止なども盛り込まれ，2004年（平成16年）に，現行の「海洋汚染等及び海上災害の防止に関する法律」となった。同法は，現在でも，国内の海洋汚染等の状況や国際的な海洋汚染防止対策の動きに合わせ，きめ細かい改正が行われている。最

近では，2007年（平成19年）に，海底地層への油，有害液体物質および廃棄物の廃棄を規制するとともに，特定二酸化炭素ガスの海底下廃棄を許可制とする改正がなされた。

海洋汚染等及び海上災害の防止に関する法律（以下，法または本法）は，次のことを目的としている。（法1条）

① 船舶，海洋施設及び航空機から海洋に油，有害液体物質等及び廃棄物を排出すること

② 船舶から海洋に有害水バラストを排出すること

③ 海底の下に油，有害液体物質等及び廃棄物を廃棄すること

④ 船舶から大気中に排出ガスを放出すること

⑤ 船舶及び海洋施設において油，有害液体物質等及び廃棄物を焼却すること

これら①～⑥を規制し，廃油の適正な処理を確保するとともに，排出された油，有害液体物質等，廃棄物その他の物の防除並びに海上火災の発生及び拡大の防止並びに海上火災等に伴う船舶交通の危険の防止のための措置を講ずることにより，海洋汚染等及び海上災害を防止し，あわせて海洋汚染等及び海上災害の防止に関する国際約束の適確な実施を確保し，もつて海洋環境の保全等並びに人の生命及び身体並びに財産の保護に資することを目的としている。

2.2　法の体系

条文毎の解説は，本書の趣旨ではないので，法の体系を目次で示し，条文解説は，極力省略する。

第一章　総則（目的，定義，法1条～法3条）

第二章　船舶からの油の排出の規制（法4条～法9条）

第二章の二　船舶からの有害液体物質等の排出の規制等

　第一節　船舶からの有害液体物質等の排出の規制（法9条の2～法9条の6）

　第二節　登録確認機関（法9条の7～法9条の22）

第三章　船舶からの廃棄物の排出の規制（法10条～法16条）

第三章の二　船舶からの有害水バラストの排出の規制等

　第一節　船舶からの有害水バラストの排出の規制（法 17 条～法 17 条の 6）

　第二節　有害水バラスト処理設備の型式指定等（法 17 条の 7～法 17 条の 9）

第四章　海洋施設及び航空機からの油，有害液体物質及び廃棄物の排出の規制（法 18 条～法 18 条の 6）

第四章の二　油，有害液体物質等及び廃棄物の海底下廃棄の規制（法 18 条の 7～法 19 条の 2）

第四章の三　船舶からの排出ガスの放出の規制（法 19 条の 3～法 19 条の 35 の 3）

第四章の四　船舶及び海洋施設における油，有害液体物質等及び廃棄物の焼却の規制（法 19 条の 35 の 4）

第四章の五　船舶の海洋汚染防止設備等及び海洋汚染防止緊急措置手引書等並びに大気汚染防止検査対象設備及び揮発性物質放出防止措置手引書の検査等（法 19 条の 36～法 19 条の 54）

第五章　廃油処理事業等（法 20 条～法 37 条）

第六章　海洋の汚染及び海上災害の防止措置（法 38 条～法 42 条の 12）

第六章の二　指定海上防災機関（法 42 条の 13～法 42 条の 29）

第七章　雑則（法 43 条～法 54 条）

第八章　罰則（法 54 の 2～法 64 条）

第九章　外国船舶に係る担保金等の提供による釈放等（法 65 条～法 69 条）

附則

2. 3　船舶からの油の排出規制

原則として，船舶から海洋に油を排出することは禁止されている（法 4 条）。ただし，次の場合は例外的に排出が認められている。

⑴緊急避難または不可抗力的な場合（法 4 条 1 項）

　①船舶の安全確保または人命救助のための油の排出

　②船舶またはその設備の損傷に起因する排出

⑵一定の条件に従って排出する場合（法4条2項）

ビルジその他の油で排出基準に適合する排出で，「ビルジその他の油」とは，貨物油を含まない油のうち，タンカーの水バラスト（一種の船の錘として積まれた水の意味），貨物艙の洗浄水及びビルジ（溜まった汚水の意）で，具体的には機関室ビルジ，燃料用タンクの洗浄水，燃料油タンクに積載した水バラスト，機関室で生じた廃油などをいう。

2.4　船舶からのビルジその他の油の排出基準（令1条の8）

船舶からのビルジその他の油（タンカーの貨物油を含むものを除く。）の排出について，すべての船舶の排出基準は次のとおりである。

①　希釈しない場合の油分濃度が15 ppm以下であること
②　南極海域以外の海域において排出すること
③　船舶の航行中に排出すること
④　排出防止装置を作動させながら排出すること

2.5　水バラストなどの排出基準（法4条3項）

タンカーからの貨物油を含む水バラストなどの排出基準は，油分の総量，油分の瞬間排出率（ある時点におけるリットル毎時による油分の排出速度を当該時点におけるノットによる船舶の速力で除したものをいう）などに関して次のように決まっている。

①　油分の総排出量が直前の航海において積載された貨物油の3万分の1以下であること
②　油分の瞬間排出率が1海里あたり30リットル以下であること
③　領海の基線から50海里の線を超える海域（一般海域に限る）において排出すること
④　航行中であること
⑤　海面より上の位置から排すること（ただし・スロップタンク以外のタンクで油水分離したものを油水境界面検出器により満水が海域に排出さ

れないことを確認した上で重力排出する場合は，海面下に排出することができる）

⑥　水バラストなど排出防止設備のうち一定の装置を作動させていること

2.6　クリーンバラストの排出基準（則8条の2）

クリーンバラストには厳密な定義がある。晴天の日に停止中のタンカーから清浄かつ平穏な海中に排出した場合において，視認することのできる油膜を海面などに生じないよう洗浄され，かつ油性残留物または乳濁液の堆積を海面下などに生じないよう洗浄されており，排出された場合において，油分濃度が15 ppmを超えるものが排出されなかったことが，バラスト用油排出監視制御装置の記録に明らかとなるよう洗浄された貨物船に積載されている水バラストをいう。このクリーンバラストの排出基準は次のとおりである。

海面より上の位置から排出すること。ただし，排出直前に当該水バラストが油により汚染されていないことを確認した場合は，満面下に排出することができる。また，港および沿岸の係留施設以外で排出する場合は重力排出に限る。

2.7　船舶からの廃棄物の排出規制

船舶から，人が不要となった油や有害液体物質以外の「廃棄物」を排出することを原則として全海域で禁止されている（法10条1項）。

ただし，次の場合においては適用除外となる。

①　船舶の安全を確保し，又は人命を救助するための廃棄物の排出（法10条1項1号）

②　船舶の損傷その他やむを得ない原因により廃棄物が排出された場合において引き続く廃棄物の排出を防止するための可能な一切の措置をとつたときの当該廃棄物の排出（法10条1項2号）

③　ふん尿等の排出

当該船舶内にある船員その他の者の日常生活に伴い生ずるふん尿若しくは汚水又はこれらに類する廃棄物の排出（総トン数又は搭載人員の規模が政令

で定める総トン数又は搭載人員以上の船舶からの政令で定めるふん尿等の排出にあっては，排出海域及び排出方法に関し政令で定める基準に従ってする排出に限る。）（法10条2項1号）この排出に関しては，船舶の区分によって異なるが，一般的には，国際航海の従事する船舶で，ふん尿など排出防止装置により処理されたものは，全ての国の領海の基線その外側3海里を超える海域で，航行中，海面下における排出をしなければならない。

④　日常生活に伴い生ずるごみ又はこれに類する廃棄物の排出

当該船舶内にある船員その他の者の日常生活に伴い生ずるごみ又はこれに類する廃棄物の排出（政令で定める廃棄物の排出に限る。）であつて，排出海域及び排出方法に関し政令で定める基準に従ってするもの（法10条2項2号）その排出海域に関する基準そして排出方法に関する基準は施行令，別表第2の2に記載されている。

・領海の基線の外側3海里までの海域においては，全面排出禁止
・領海の基線の外側3海里～12海里までの海域においては，粉砕，焼却して灰の状態にして排出
・領海の基線の外側12海里以遠の海域においては，廃プラスチックは焼却して灰の状態にして排出

2.8　特定油が排出された場合の措置

(1)通報義務

特定油（原油，重油，潤滑油など）が，大量（濃度1000 ppm・量100リットル以上）に排出した場合，または船舶の衝突・乗揚げ，機関の故障・その他の海難の発生により，1万平方メートル以上に広がるおそれのある場合には，船長は，排出があった日時および場所，排出の状況，海洋の汚染のために講じた措置などを直ちに海上保安機関（海上保安庁の事務所）に通報する義務がある。（法38条7項）

(2)応急，防除措置義務

大量の特定油の排出があった場合には，船長，施設の管理者または原因

となる行為をした者の使用者は，排出された特定油の広がりおよび引き続く特定油の排出の防止，ならびに排出された特定油の除去のための応急措置を講じなければならない。(法 39 条 1 項)

応急措置義務者が講じなければならない防除措置は次のとおりである。

① オイルフェンスの展張その他の排出された特定油のひろがりの防止のための措置

② 損壊箇所の修理その他の引き続く特定抽の排出の防止のための措置

③ 当該排出された特定油が積載されていた船舶の他の貨物胎その他の油清または排出された特定油が管理されていた施設の他の油漕への残っている特定油の移し替え

④ 排出された特定油の回収

⑤ 油処理剤の散布による排出された特定油の処理

⑶防除援助義務

特定油の排出が，港やその付近にある船舶から生じた場合には，その特定油の荷送人，荷受人そして係留施設の管理者は，防除義務者が講ずべき措置を援助し，また，これらの者と協力して排出油の防除のために必要な措置を講じなければならない。(法 39 条 4 項)

2.9　海上火災が発生した場合の措置

⑴通報義務

ばら積みの危険物を積載している船舶，海洋危険物管理施設または危険物の海上火災が発生したときは，船長や施設の管理者および海上火災の原因となる行為をした者及び火災を発見した者は，海上火災が発生した日時及び場所海上火災の状況，海上火災が発生した船舶もしくは海洋危険物管理施設または海上火災が発生した危険物が積載されていた船舶，もしくは管理されていた海洋危険物管理施設その他の施設に関する事項を，直ちに最寄りの海上保安庁の事務所に通報しなければならない (法 42 条の 3，1 項)。

⑵応急措置義務および注意喚起義務

海上火災が発生した場合，通報義務者は消火（放水，消火薬剤の散布など），もしくは延焼の防止（付近にある可燃物の除去など），または人命の救助のための応急措置を講じなければならない。また，延焼の防止および被害の発生の防止を図るため，現場付近にある者または船舶に注意喚起のための措置（汽笛やサイレンによる吹鳴，給電話などによる警報の発信など）を講じなければならない。（法42条の3，2項）

3　水先法（みずさきほう）

3.1　沿革と目的

局所的に操船が困難な場所における，操船の専門技術者としての水先人や，水先料に関する規定は古くから存在していた。日本においては，1876年（明治9年），英国の1854年商船条例を範として，太政官布告第154号西洋型船水先免状規則が制定された。その後，国際社会への参入や海運の発達に伴い，近代水先法として水先法が1899年（明治32年）に制定され，1949年（昭和24年）に全面改正された。

その後，水先制度に関しては，水先人になるために船舶の航行に関する深い知識と経験が必要なため，3年以上船長として3,000トン以上の船舶に乗り組んでいた経験が必要とされているところ，近年における日本人船員の減少に伴い，近い将来，船長経験を有した水先人が不足することが予想され，船舶交通の円滑な運航が保てなくなる懸念があった。また，港湾の国際競争力の強化の観点から，港湾サービスの一環でもある水先業務の運営の効率化・適確化への要請が高まっていた。水先法は平成18年5月に一部改正され，平成19年4月に再スタートした。

水先法は，水先をすることができる者の資格を定め，及び水先業務の適正，かつ円滑な遂行を確保することにより，船舶交通の安全をはかり，あわせて船舶の運航能率の増進に資することを目的としている。（法1条）

3.2　法の体系

条文毎の解説は，本書の趣旨ではないので，法の体系を目次で示し，極力条文解説を省略する。

第一章　総則（目的，定義，法の適用，第1条～第3条）

第二章　水先人

　第一節　水先人の免許及び水先人試験（第4条～第13条）

　第二節　登録水先人養成施設等（第14条～第32条）

第三章　水先及び水先区（第33条～第47条）

第四章　水先人会及び日本水先人会連合会

　第一節　水先人会（第48条～第54条）

　第二節　日本水先人会連合会（第55条）

第五章　水先審議会（第三十一条－第三十八条）

第六章　罰則（第三十九条－第四十二条）

附則

3.3　水先人（みずさきにん）の免許制度

3.3.1　水先人の免許の等級と行使範囲

一級水先人には，制限なし，二級水先人には，上限5万総トンまでの船舶，但し，危険物積載船は上限2万総トンまで，三級水先人には，上限2万総トンまでの船舶，但し，危険物積載船は不可である。

3.3.2　免許を取得するための要件及び方法

以前の制度では，水先免許を取得するには，総トン数3,000トン以上の船舶で3年以上船長を務めた経験が必要であった。海運会社等で大型船の船長を任されるのは40歳代になってからであることから，水先人になるのは50歳代となるのが普通だった。このため，若い人の職業を考える際，「水先人」という選択肢は存在しなかった。しかし，新しい免許制度により，船長経験のない方でも水先人になれる道が開かれ，例えば3級水先人の場合，早ければ20歳代

表3—1　水先免許を取得するための要件及び方法

要件			一級水先人	二級水先人	三級水先人
乗船履歴	船舶	総トン数	3,000 GT 以上	3,000 GT 以上	1,000 GT 以上
		航行区域	沿海以遠	沿海以遠	沿海以遠
	職務	職名	船長	一等航海士以上	航海士以上又は実習生
		期間	2年以上	2年以上	1年以上
海技免状			三級海技士（航海）又はこれより上位の資格免許		
養成施設			当該級の登録水先人養成施設の課程の修了登録 水先人養成施設は，東京海洋大学，神戸大学，海技大学校		
国家試験			当該級の水先人試験（身体，筆記，口述）の合格		

（引用：一般財団法人海技振興センター資料）

前半で水先人としてデビューすることが可能になった。

3.3.3　免許の更新・上級免許への進級

水先人としての業務を継続するためには，免許を更新する必要があり，免許の有効期限は原則5年である。免許の更新をするには登録水先免許更新講習の受講が必要である。

また，二級，三級の水先修業生は，それぞれの免許を取得後，業務経験を積み重ねることで更に上級の免許に進級することができる。進級するためにはそれぞれの級にて業務経験を2年以上経た上で，水先法に規定される登録水先人養成施設の課程を修了し，希望する級の水先人試験に合格する必要がある。

3.3.4　水先及び水先区

法は，水先区において船舶に乗り組み当該船舶を導くこと（法2条1項）と定めている。「導く」とはどのような行為をいうのか規定がないが，通常，船舶の操船について，船長に対し指導または助言することを指すものと解されている。

港湾や狭水道など，専門技術者である水先人による実施が適当と考えられる海域を水先区という。その名称及び区域は政令で定められている（法33条）。

水先区は，水先人による水先を強制した，強制水先区域（法35条）と，任意水先区域とに分けられる。強制水先区（法35条，施令5条）では，特定の船舶を運航するときは，その船長は水先人を乗り組ませなければならない。

3.4　船長の責任

船長は，水先人が船舶におもむいたときは，正当な事由がある場合の他，水先人に水先をさせなければならない。（法41条1項）「正当な事由がある場合」とは，水先業務において，怠慢であったとき，技能が拙劣であったとき，非行があったときなどである。

水先人に水先をさせている場合において，船舶の安全な運航を期するための船長の責任を解除し，又はその権限を侵すものと解釈してはならない。（法41条2項）したがって，船長は，水先人が適切な判断をしているかつねに監視し，もし，自己の判断と異なるものであれば，自ら命令を下さなければならない。

4　検疫法（けんえきほう）

4.1　経緯と目的

1899年（明治32年）に海港検疫法が制定され，現行の検疫法は1951年（昭和26年）に制定された。国内に常在しない伝染病の病原体が，船舶または飛行機を介して，国内に侵入することを防止するとともに，船舶または飛行機についてその他の伝染病の予防に必要な措置を講ずることを目的としている。（法1条）

4.2　法の体系

条文毎の解説は，本書の趣旨ではないので，法の体系を目次で示し，極力条文解説を省略する。

第一章　総則（目的，検疫感染症，検疫港など，法1条～法3条）

第二章　検疫（法4条－法23条）

第三章　検疫所長の行うその他の衛生措置（法24条〜法27条）

第四章　雑則（法28条〜法41条）

附則

4.3　検疫感染症

①　感染症の予防及び感染症の患者に対する医療に関する法律（平成十年法律第百十四号）に規定する一類感染症

一　エボラ出血熱

二　クリミア・コンゴ出血熱

三　痘そう

四　南米出血熱

五　ペスト

六　マールブルグ病

七　ラッサ熱

②　感染症の予防及び感染症の患者に対する医療に関する法律に規定する新型インフルエンザ等感染症第六条に規定するインフルエンザ

4.4　検 疫 港

この法律において「検疫港」又は「検疫飛行場」とは，それぞれ政令で定める港又は飛行場をいう検疫を行う港が施行令別表第1に定められている。検疫港でない港に入港するときは，あらかじめ，検疫港で検疫を受けてから，その港に入ることになる。（法3条）

4.5　検疫の義務

外国から来航した船舶は，検疫港の検疫区域に船舶を入れて検疫を受け，検疫済証または仮検疫済証の公布を受けた後でなければ，船舶を国内に入れ何人も上陸し，または貨物を陸揚げすることはできない（法5条）。

4.6　入港の禁止

外国から来航した船舶の長は，検疫済証又は仮検疫済証の交付を受けた後でなければ，当該船舶を国内（の港に入れてはならない。（法 4 条）

4.7　交通等の制限

外国から来航した船舶については，その長が検疫済証又は仮検疫済証の交付を受けた後でなければ，何人も，当該船舶から上陸し，若しくは物を陸揚げし，ただし，次の各号のいずれかに該当するときは，この限りでない。（法 5 条）

4.8　検疫済証及び仮検疫済証

検疫済証は，その船舶を介して，検疫伝染病の病原体が国内に侵入するおそれがないと認められた場合に，検疫所長から船長に公布される（法 17 条）。この公布を受けてはじめて，船舶は，国内に自由に入港することができる。

仮検疫済証は，検疫済証を公布することはできないが，その船舶を介して検疫伝染病の病原体が国内に侵入するおそれがほとんどないと認められた場合に，一定の期間を限って，検疫所長から船長に公布される。法 18 条）

仮検疫済証の効果は，検疫済証とほとんど変わらないが，一定期間内に検疫伝染病の患者または死者が発生したときはその効力を失う。（法 19 条）

5　関(かん)税(ぜい)法(ほう)

5.1　経緯と目的

関税法は，関税（関税領域に出入りする貨物に対して付加する租税）の確定，納付，徴収および還付ならびに貨物の輸出および輸入についての税関手続きの適正な処理を図るため必要な事項を定めたものである。（法 1 条）

関税法は，関税の確定，納付，徴収及び還付，貨物の輸出入についての税関手続について定める法律である。最近の国内外の経済情勢等に対応するため，個別品目の基本税率等の見直し，金の密輸入に対応するための罰則の引上げ等について，2018 年（平成 30 年）に改正された。

5.2　法の体系

条文毎の解説は，本書の趣旨ではないので，法の体系を目次で示し，条文解説は極力省略する。

第一章　総則

第一節　通則（趣旨，定義，法 1 条・法 2 条）

第二節　期間及び期限（法 2 条の 2・法 2 条の 3）

第三節　送達（法 2 条の 4）

第二章　関税の確定，納付，徴収及び還付

第一節　通則（課税物件，課税物件の確定の時期，適用法令，納税義務者，税額の確定の方式，郵送等に係る申告書等の提出時期，法 3 条～法 6 条の 2）

第二節　申告納税方式による関税の確定（法 7 条～法 7 条の 17）

第三節　賦課課税方式による関税の確定（法 8 条）

第四節　関税の納付及び徴収（法 9 条－法 11 条）

第四節の二　附帯税（法 12 条～法 12 条の 4）

第五節　その他（法 13 条～法 14 条の 5）

第三章　船舶及び航空機（法 15 条～法 28 条）

第四章　保税地域

第一節　総則（保税地域の種類，見本の一時持出，外国貨物の廃棄，記帳義務，税関職員の派出　（法 29 条～法 36 条）

第二節　指定保税地域（法 37 条～法 41 条の 3）

第三節　保税蔵置場（法 42 条－法 55 条）

第四節　保税工場（法 56 条－法 62 条）

第五節　保税展示場（法 62 条の 2～法 62 条の 7）

第六節　総合保税地域（法 62 条の 8～法 62 条の 15）

第五章　運送（法 63 条－法 66 条）

第六章　通関

第一節　総則（輸出又は輸入の許可，輸出申告又は輸入申告の手続（法67条・法67条の2）

第二節　輸出申告の特例（法67条の3～法67条の12）

第三節　提出書類及び検査手続（法68条・法69条）

第四節　輸出又は輸入をしてはならない貨物

第一款　輸出してはならない貨物（法69条の2～法69条の7）

第二款　輸入してはならない貨物（法69条の8～法69条の17）

第三款　専門委員（法69条の18）

第五節　輸出又は輸入に関する証明等（法70条・法71条）

第六節　輸入の許可及び輸入貨物の引取り等（法72条～法74条）

第七節　外国貨物の積戻し（法75条）

第八節　郵便物等に関する特則（法75条～法78条の2）

第七章　収容及び留置（法79条～法88条）

第七章の二　行政手続法との関係（法88条の2）

第八章　不服申立て（法89条～法93条）

第九章　雑則（法94条～法108条の3）

第十章　罰則（法108条の4～法118条）

第十一章　犯則事件の調査及び処分

第一節　犯則事件の調査（法119条～法136条）

第二節　犯則事件の処分（法136の2～法140条）

5.3 定　　義

一 「輸入」とは，外国から本邦に到着した貨物（外国の船舶により公海で採捕された水産物を含む。）又は輸出の許可を受けた貨物を本邦に引き取ることをいう。

二 「輸出」とは，内国貨物を外国に向けて送り出すことをいう。

三 「外国貨物」とは，輸出の許可を受けた貨物及び外国から本邦に到着した貨物（外国の船舶により公海で採捕された水産物を含む。）で輸入が許可される前のものをいう。

四 「内国貨物」とは，本邦にある貨物で外国貨物でないもの及び本邦の船舶により公海で採捕された水産物をいう。

四の二 「附帯税」とは，関税のうち延滞税，過少申告加算税，無申告加算税及び重加算税をいう。

五 「外国貿易船」とは，外国貿易のため本邦と外国との間を往来する船舶をいう。

九 「船用品」とは，燃料，飲食物その他の消耗品及び帆布，綱，じゅう器その他これらに類する貨物で，船舶において使用するものをいう。

十 「機用品」とは，航空機において使用する貨物で，船用品に準ずるものをいう。

十一 「開港」とは，貨物の輸出及び輸入並びに外国貿易船の入港及び出港その他の事情を勘案して政令で定める港をいう。

十二 「税関空港」とは，貨物の輸出及び輸入並びに外国貿易機の入港及び出港その他の事情を勘案して政令で定める空港をいう。

十三 「不開港」とは，港，空港その他これらに代り使用される場所で，開港以外のものをいう。（法2条）

5.4　貨物の積卸し

外国貿易船又は外国貿易機（以下「外国貿易船等」という。）に対する貨物の積卸しは，第十五条第一項（入港手続）の規定による積荷に関する事項についての報告がない場合又は同条第十項の規定による積荷に関する事項についての報告がない場合には，してはならない。ただし，旅客及び乗組員の携帯品，郵便物並びに船用品については，この限りでない。（法16条）

5.5　輸出してはならない貨物

次に掲げる貨物は，輸出してはならない。

一　麻薬及び向精神薬，大麻，あへん及びけしがら並びに覚醒剤（覚せい剤取締法（昭和二十六年法律第二百五十二号）にいう覚せい剤原料を含む。）。ただし，政府が輸出するもの及び他の法令の規定により輸出することができることとされている者が当該他の法令の定めるところにより輸出するものを除く。

二　児童ポルノ（児童買春，児童ポルノに係る行為等の規制及び処罰並びに児童の保護等に関する法律（平成十一年法律第五十二号）第二条第三項（定義）に規定する児童ポルノをいう。）

三　特許権，実用新案権，意匠権，商標権，著作権，著作隣接権又は育成者権を侵害する物品

四　不正競争防止法に掲げる行為を組成する物品

2　税関長は，前項第一号，第三号又は第四号に掲げる貨物で輸出されようとするものを没収して廃棄することができる。（法9条の二）

5.6　輸入してはならない貨物

次に掲げる貨物は，輸入してはならない。

一　麻薬及び向精神薬，大麻，あへん及びけしがら並びに覚醒剤（覚せい剤取締法にいうせい剤原料を含む。）並びにあへん吸煙具。

一の二　医薬品，医療機器等の品質，有効性及び安全性の確保等に関する法律（昭和三十五年法律第百四十五号）第二条第十五項（定義）に規定する指定薬物（同法第七十六条の四（製造等の禁止）に規定する医療等の用途に供するために輸入するものを除く。）

二　拳銃，小銃，機関銃及び砲並びにこれらの銃砲弾並びに拳銃部品。

三　爆発物（爆発物取締罰則（明治十七年太政官布告第三十二号）第一条（爆発物の使用）に規定する爆発物をいい，

四　火薬類（火薬類取締法（昭和二十五年法律第百四十九号）第二条第一項（定義）に規定する火薬類をいい，第二号に掲げる貨物に該当するものを除く。）。

五　化学兵器の禁止及び特定物質の規制等に関する法律（平成七年法律第六十

五号）第二条第三項（定義等）に規定する特定物質。

五の二　感染症の予防及び感染症の患者に対する医療に関する法律に規定する一種病原体等及び同条第二十一項に規定する二種病原体等。

六　貨幣，紙幣若しくは銀行券，印紙若しくは郵便切手（郵便切手以外の郵便に関する料金を表す証票を含む。）又は有価証券の偽造品，変造品及び模造品並びに不正に作られた代金若しくは料金の支払用又は預貯金の引出用のカードを構成する電磁的記録をその構成部分とするカード（その原料となるべきカードを含む。）

七　公安又は風俗を害すべき書籍，図画，彫刻物その他の物品（次号に掲げる貨物に該当するものを除く。）

八　児童ポルノ（児童買春，児童ポルノに係る行為等の規制及び処罰並びに児童の保護等に関する法律第二条第三項（定義）に規定する児童ポルノをいう。）

九　特許権，実用新案権，意匠権，商標権，著作権，著作隣接権，回路配置利用権又は育成者権を侵害する物品

十　不正競争防止法第二条第一項第一号から第三号まで又は第十号から第十二号まで（定義）に掲げる行為を組成する物品（法 69 条の十一）

6　海商法（かいしょうほう）

6.1　沿革，意義

紀元前 4 世紀から 3 世紀にかけて東地中海の中心的な海運勢力となったロード島民による「ロード海法」があり，そこには「共同の利益のために生じた損害は共同の分担によって補償されなければならない」という考えが既にあり，わが国では，12 世紀（室町時代）の「廻船式目」にもこの考え方があったといわれ，日本最古の海商法といわれているなどの沿革がある。

目的規定はないが，海商法は，国際海上物品運送を中心として国際商取引法を扱うことを目的とした法である。海商法とは，海上輸送（平水区域のみを航行する船舶を除く）に伴う商取引について定める法律である。島国であるわが国の貿易は，重量ベースでは 99% が海上運送によって行われている。

日本には「海商法」と題する法典はない。狭義には，商法第3編の「海商」に関する規定の部分を指して言う言葉であり，広義には，これに国際海上物品運送法，船舶の所有者等の責任の制限に関する法律などを加えて総称する用語として用いられる。海商法は，例えば，船主有限責任，海上運送に関する技術的法規制，船舶衝突，共同海損及び海難救助などの特別な規定など．陸上企業に関する法制ではカバーしえないものに対応している。また，海商法は海上運送の国際的性格から，世界的に統一される傾向が強い。

法務省は，「社会経済情勢の変化に鑑み，航空運送及び複合運送に関する規定の新設，危険物についての荷送人の通知義務に関する規定の新設，船舶の衝突，海難救助，船舶先取特権等に関する規定の整備等を行うとともに，商法の表記を現代用語化する必要がある。これが，この法律案を提出する理由である。」とし，運送や海商に関する規定を見直す商法及び国際海上物品運送法の一部を改正する法律案を策定した。最近，その案は平成30年5月18日，参院本会議で全会一致により可決・成立し，2018年5月25日に公布された。公布から1年以内に施行される。運送や海商のルールの実質的な見直しは1899(明治32)年の商法施行以来約120年ぶりで，商法は，主要な六つの法律(六法)で唯一カタカナ交じりの文語体表記が残っていたが，改正により六法は完全に口語化される。

6.2　法の体系

条文毎の解説は，本書の趣旨ではないので，法の体系を目次で示し，極力自条文解説は省略する。

商法第三編海商では，つぎのとおり。

第一章　船舶

第一節　総則(船舶の定義，従物の推定等，商684条・商685条)

第二節　船舶の所有

第一款　総則(船舶の登記等，船舶所有権の移転の対抗要件，航海中の船舶を譲渡した場合の損益の帰属，航海中の船舶に対する差押え等の制限，船舶所有者の責

任，社員の持分の売渡しの請求，(商686条～商691条)

第二款　船舶の共有 (商692条～商700条)

第三節　船舶賃貸借 (商701条～商703条)

第四節　定期傭船 (商704条～商707)

第二章　船長 (商708条～商736条)

第三章　海上物品運送に関する特則

第一節　個品運送 (商737条～商747条)

第二節　航海傭船 (商748条～商756条)

第三節　船荷証券等 (商757条～商759条)

第四節　海上運送状 (商770条～商787条)

第四章　船舶の衝突 (商788条～商791条)

第五章　海難救助 (商792条～商807条)

第六章　共同海損 (商808条～商814条)

第七章　海上保険 (商815条～商841条)

第八章　船舶先取特権及び船舶抵当権 (第842条－第850条)

国際海上物品運送法では，つぎのとおり。

適用範囲，定義，航海に堪える能力に関する注意義務，危険物の処分，荷受人等の通知義務，損害賠償の額，責任の限度，損害賠償の額及び責任の限度の特例，特約禁止，特約禁止の特例，商法の適用，運送人等の不法行為責任，郵便物の運送

6.3　総　　則

(1)船　　舶

商法上の船舶とは，商行為をなす目的を以て航海の用に供するものである(商684条)。ただし，端舟その他櫓櫂(ろかい)のみを以て運転し，又は主として櫓櫂をもって運転する舟は含まれない。(商684条)

この船舶の性質について，法律上の分類は動産であるが，その性質上一定

規模以上の船舶については，登記制度，抵当権などが認められ，強制執行及び競売などの手続について，不動産的な取扱いを受けている。

⑵海上企業者

① 船舶所有者

船舶所有者（船主）とは，船舶を所有し，その船舶を海上企業をなす目的をもって航海の用に供するものをいう。船主の責任については，巨額の運送用具である船舶を使用し，危険性の大きい航海を行なって経営が営まれているので，第三者に対し損害を与えたとき，船舶所有者は，船長その他の船員がその職務を行うについて故意又は過失によって他人に加えた損害を賠償する責任を負う。（商690条）ただし，無限に責任を負わせることは極めて苛酷であるので，船主責任制限法によって，船舶のトン数に応じて定められた金額まで，船舶所有者は損害賠償義務を負うが，それ以上は責任を負わないこととなっている。

② 船舶共有者

船舶共有者とは，船舶を共有し，かつそれを共同して，海上企業に利用する者をいう。船舶の利用に関する事項については，持分の価格に従い，その過半数をもって決する。（商692条）船舶の利用に関する費用の分担及び損益の分配も，持分の価格に応じて行われる。（商693条）

③ 船舶管理人

船舶共有者の代理人として活動する者であり，船舶共有者は，必ず船舶管理人を選任しなければならない。（商697条1項）

④ 船舶賃借人

船舶賃借人とは，他人の船舶を賃借し，商行為をなす目的をもって，これを航行の用に供するものをいう。賃借人と船主との関係には，賃借に関する民法の一般原則が適用される（民601条～621条）。船舶賃借人は，その船舶の利用に関する事項については，第三者に対して船主と同一の権利義務を有する。（商704条1項）

⑤ 船　　長

船長とは，特定船舶の乗組員であって，その船舶の指揮者として，また船主の代理人として，種々の公法上，私法上の職務権限を有する者である。船長の主な権利はつぎのとおり。

・船長は，船籍港外においては，船舶について抵当権を設定すること，借財をすることを除き，船舶所有者に代わって航海のために必要な一切の裁判上又は裁判外の行為をする権限を有する。(商 708 条)

・船長は，やむを得ない事由により自ら船舶を指揮することができない場合には，自己に代わって船長の職務を行うべき者を選任することができる。この場合において，船長は，船舶所有者に対してその選任についての責任を負う。(商 709 条)

・船長は，航海中に積荷の利害関係人の利益のため必要があるときは，利害関係人に代わり，最もその利益に適合する方法によって，その積荷の処分をしなければならない。(商 711 条)

・船長は，航海を継続するため必要があるときは，積荷を航海の用に供することができる。(商 712 条)

船長の主な責任，義務はつぎのとおり。

・船長は，海員がその職務を行うについて故意又は過失によって他人に加えた損害を賠償する責任を負う。ただし，船長が海員の監督について注意を怠らなかったことを証明したときは，この限りでない。(商 713 条)

・船長は，遅滞なく，航海に関する重要な事項を船舶所有者に報告しなければならない。(商 714 条)

6.4　海上物品運送契約

(1)傭船契約

海上物品運送契約とは，海上において，船舶により，物品の運送をすることを引受ける契約で，傭船契約，個品運送契約などがある。傭船契約とは，物品運送に使用する船腹の全部又は一部を貸切って，物品の運送をすることを引受ける契約である。主として不定期航海業者が行う契約で，傭船契約には，航海傭船と定期傭船がある。航海又は数航海の運送を約するものを航海傭船契約といい，一定期間の運送を約するものを定期傭船契約（期間傭船契約）という。商法の規定は，前者を主眼としている。

⑵運送品の船積み

・航海傭船契約（船舶の全部又は一部を目的とする運送契約をいう。以下この節において同じ。）に基づいて運送品の船積みのために必要な準備を完了したときは，船長は，遅滞なく，傭船者に対してその旨の通知を発しなければならない。（商 748 条 1 項）

・船積期間の定めがある航海傭船契約において始期を定めなかったときは，その期間は，前項の通知があった時から起算する。この場合において，不可抗力によって船積みをすることができない期間は，船積期間に算入しない。（商 748 条 2 項）

・傭船者が船積期間の経過後に運送品の船積みをした場合には，運送人は，特約がないときであっても，相当な滞船料を請求することができる。（商 748 条 3 項）

⑶船長の発航権

船長は，船積期間が経過した後は，傭船者が運送品の全部の船積みをしていないときであっても，直ちに発航することができる。（商 751 条）

⑷船荷証券

船荷証券とは，運送品の受取りを証明するとともに，陸揚港で，その所持人に，これと引換えにその運送品の引渡しをすることを約する証書であり，同時に運送契約書の役割を果たすものである。船荷証券の制度が発達したのは，19 世紀以来の汽船航海，特に定期航海の発達以来のことである。商法においては，船荷証券の効力について貨物引換証の規定を準用しているが（商 776 条），沿革的には，船荷証券が先に発達し，後に貨物引換証に利用されたものである。実際の利用の面からみても，運送に長時間を要せず，かつ，1 回の運送量が少ない陸上運送にあっては，貨物引換証により金融をはかる必要が多くないため，その利用が少ないのに反し，海上運送にあっては，陸上運送に比し，運送に長期間を要し，かつ大量の輸送が行われる結果，船荷証券が，原則として利用されている。

・船荷証券の交付義務

運送人又は船長は，荷送人又は傭船者の請求により，運送品の船積み後遅滞なく，船積みがあった旨を記載した船荷証券（以下この節において「船積船荷証券」という。）の一通又は数通を交付しなければならない。運送品の船積み前においても，その受取後は，荷送人又は傭船者の請求により，受取があった旨を記載した船荷証券（以下この節において「受取船荷証券」という。）の一通又は数通を交付しなければならない。（商 757 条）

・船荷証券の譲渡又は質入れ

船荷証券は，記名式であるときであっても，裏書によって，譲渡し，又は質権の目的とすることができる。ただし，船荷証券に裏書を禁止する旨を記載したときは，この限りでない。（商 762 条）

・船荷証券の引渡しの効力

船荷証券により運送品を受け取ることができる者に船荷証券を引き渡したときは，その引渡しは，運送品について行使する権利の取得に関しては，運送品の引渡しと同一の効力を有する。（商 763 条）

・運送品の引渡請求

船荷証券が作成されたときは，これと引換えでなければ，運送品の引渡しを請求することができない。（商 764 条）

6.5　船舶の衝突

(1)海　　損

・船舶所有者間の責任の分担

船舶と他の船舶との衝突に係る事故が生じた場合において，衝突したいずれの船舶についてもその船舶所有者又は船員に過失があったときは，裁判所は，これらの過失の軽重を考慮して，各船舶所有者について，その衝突による損害賠償の責任及びその額を定める。この場合において，過失の

軽重を定めることができないときは，損害賠償の責任及びその額は，各船舶所有者が等しい割合で負担する。(商 788 条)

・船舶の衝突による損害賠償請求権の消滅時効

船舶の衝突を原因とする不法行為による損害賠償請求権（財産権が侵害されたことによるものに限る。）は，不法行為の時から二年間行使しないときは，時効によって消滅する。(商 789 条)

6.6　海難救助

・救助料の支払の請求等

船舶又は積荷その他の船舶内にある物（以下この編において「積荷等」という。）の全部又は一部が海難に遭遇した場合において，これを救助した者があるときは，その者（以下この章において「救助者」という。）は，契約に基づかないで救助したときであっても，その結果に対して救助料の支払を請求することができる。(商 792 条)

・救助料の額

救助料につき特約がない場合において，その額につき争いがあるときは，裁判所は，危険の程度，救助の結果，救助のために要した労力及び費用（海洋の汚染の防止又は軽減のためのものを含む。）その他一切の事情を考慮して，これを定める。(商 793 条)

(救助料の上限額)

救助料の額は，特約がないときは，救助された物の価額（救助された積荷の運送賃の額を含む。）の合計額を超えることができない。(商 795 条)

6.7　海上危険への対応

(1) 共同海損（きょうどうかいそん）

・共同海損の成立

船舶及び積荷等に対する共同の危険を避けるために船舶又は積荷等について処分がされたときは，当該処分によって生じた損害及び費用は，共同

海損とする。（商808条）

・共同海損となる損害又は費用

共同海損となる損害の額は，次の各号に掲げる区分に応じ，当該各号に定める額によって算定する。ただし，第二号及び第四号に定める額については，積荷の滅失又は損傷のために支払うことを要しなくなった一切の費用の額を控除するものとする。（商809条）

一　船舶到達の地及び時における当該船舶の価格

二　積荷陸揚げの地及び時における当該積荷の価格

三　積荷以外の船舶内にある物到達の地及び時における当該物の価格

四　運送賃陸揚げの地及び時において請求することができる運送賃の額（商809条）

・共同海損の分担額

共同海損は，次の各号に掲げる者（船員及び旅客を除く。）が当該各号に定める額の割合に応じて分担する。

一　船舶の利害関係人到達の地及び時における当該船舶の価格

二　積荷の利害関係人次のイに掲げる額から次のロに掲げる額を控除した額

イ　陸揚げの地及び時における当該積荷の価格

ロ　共同危険回避処分の時においてイに規定する積荷の全部が滅失したとした場合に当該積荷の利害関係人が支払うことを要しないこととなる運賃その他の費用の額

三　積荷以外の船舶内にある物（船舶に備え付けた武器を除く）。（商810条）

第四編　安　全

1912年（明治45年）のタイタニック号の海難は，船体の水密（すいみつ）構造，遭難通信，救命艇の搭載など多くの構造・設備に関する教訓を残しSOLAS条約のきっかけとなった。また，1967年（昭和42年）に起こったリベリア籍巨大タンカー，トリー・キャニオン号のドーバー海峡における座礁・原油（げんゆ）流出海難は，船員の資質の問題，海洋汚染の問題に関する多くの教訓を残し，STCW条約のきっかけとなった。

海上安全に関し，大規模な環境汚染に至る海難を起こす可能性を船舶輸送は有している。管理を含めた人的原因によって，多くの海難が起きていることを認識すべき時代が到来した。省エネルギーで大量輸送手段システムとしての海上輸送は，四方を海に囲まれた日本にとって重要な大動脈であり，この経済活動にともなう環境保全の課題が全世界的に求められている。

1989年（平成元年）米国では，エクソン・バルディズ号座礁・原油流出事故を契機にOPA 90（1990年米国油濁法）が成立，1993年（平成5年）にEUは，「海上安全共同宣言」を発表した。そして，1998年（平成10年）には国際安全管理（ISM）コードの認証を受けることが強制化された。

世界中の海上原油輸送が変わる一連の出来事のきっかけとなったのは，1989年（平成元年），アラスカのプリンス・ウィリアムサウンドで起こったエクソン・バルディズ号の原油流出事故であったといわれている。この事故を簡単に紹介する。

第1章　米史上最大級の原油流出事故，エクソン・バルディズ号の海難

1989年（平成元年）3月24日00時09分頃，エクソン・バルディズ号（以下，E号）（総トン数95,169トン）がアラスカのプリンス・ウィリアムサウンドで座礁し，8つのタンクが破れて積み荷の原油が流出した。人的損失はなかったものの，事故が起きてから24時間のうちに約41,022キロリットルもの大量の原油が海に流れ出した。事故への対策が遅れたため，2日後には周囲75平方キロメートルの海面が油膜に覆われ，流出した原油を殆ど回収できないまま3日後には被害はますます大きくなった。悪天候と強風のため，原油の浮いた水面は一晩で60キロメートルも移動し，これらの原油が近くの海岸に押し寄せ，大量の魚や海鳥が死亡した。事故が起きる前のプリンスウィィリアム海峡一帯は，大自然が残る美しい場所だった。多くの野生生物の楽園で，保護区や国立公園がいくつもあった。アラスカの海岸線の自然は，この事故によって数千キロメートルにわたって汚染された。E号の流出原油除去費用は，約18億5,000万ドル（約2千100億円）とされている。

1　概　　要

1.1　事故当時の船橋当直状況

E号は，Alaska North Slope産原油を積載すべく1989年（平成元年）3月22日23時35分に，Alyeska海運第5埠頭に着桟した。翌日の23日19時24分頃に積荷完了，21時21分にE号はバースを離れ，パイロットはバルディズ瀬戸へ向けての操船を開始した。パイロットはE号がバルディズ瀬戸を通過してから，同船を出航航路の針路である219度に向首させた。パイロットは，同船がロッキー鼻（はな）沖のパイロットステーションに到着する約15分前に，船長を呼ぶように在橋当直中の三等航海士（以下，3／O：サード・オフィサー）に依頼した。船長が昇橋した後，3／Oは水先人を水先人用ハシゴまで見送り水先人

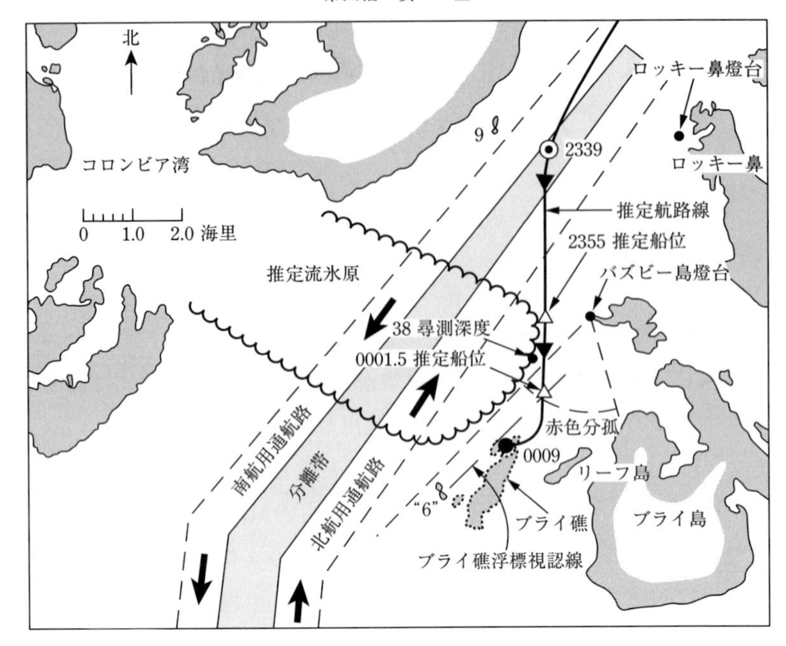

図 4—1　エクソン・バルディス号の座礁

は 23 時 24 分に離船した。それから 3／O は船橋（せんきょう）に戻った。当時，E 号の針路前方には流氷原があったので，船長は一旦，航路を南の方向に出て，流氷域を迂回してから航路に入ろうと決断し，23 時 29 分に 180 度のコースへと進路を曲げ始めた。その当時の速力は約 11 ノットであった。その直後の 23 時 50 分頃，操舵手が交替した頃，船長は 3／O に対し，バズビー島灯光が E 号の正横になったら航路への復帰を始めるよう指示し，船橋から降りた。つまり，当時超過勤務が重なって過労状態にあった 3／O 1 人に「厚い流氷群と危険な暗礁の間を抜けてから航路に復帰する」という難しい業務を与えて自身は船橋を降りたのである。

3／O は当直交代のために上がってくることになっている二等航海士には電話しないで，E 号が流氷原を航過し終わるまで自分 1 人で当直することにした。船長が去った時点で，3／O はレーダにより，ブライ礁及び流氷との間に約 0.9 マイルの距離しかないことを観測していた。流氷域に向首するための右転は，操船経験の乏しい 3／O にとってはなかなかできにくいことであったであろう。

彼は流氷を右に見て大きく迂回するように操船しようと思った。その結果，図 4－1 に示すとおり，船長の指示したバズビー島灯光正横時点での右変針地点を通過して 1.4 海里南航するまで右旋回は行われず，ブライ礁に近づきすぎることになってしまった。この地点で初めて，3／O は，右 10 度転舵を指示した。その直後，3／O は船橋の下のデッキの船長室にいた船長に連絡し，船体が氷塊の前縁に突っ込む可能性があると伝えた。右 10 度転舵の指示を出して 1 分半から 2 分後，つまり船長に連絡した後，3／O は E 号の針路の変化を感知できなかったので，右 20 度転舵を指示した。E 号は約 2 分間に亘って，右 20 度転舵の状態にあった。3／O はさらに右舵角一杯を指示した。その指示を出した数秒後，3／O は船長を呼び出し，E 号が深刻な状態にあることを伝えた。船長との通話が終わる頃，3／O は「船体がガタガタし，船が何かの上を乗り越えている」ように感じた。　不幸にも，E 号はこのとき，1989 年（平成元年）3 月 24 日 00 時 09 分頃にブライ礁に座礁し，大惨事に発展したのである。

1.2　米国家運輸安全委員会（National Transportation Safety Board：NTSB）の報告書

この事故について，アメリカの NTSB は，事故調査報告書を事故の翌年 1990 年（平成 2 年）7 月 31 日に発表した。そして，E 号の座礁の最も確からしい原因を次のとおりに結論した。

① 3／O が疲労と過重な仕事量のために，適正な操船をしなかったこと

② 船長がアルコール障害のために適正な航海当直体制を指示しなかったこと

③ Exxon 海運会社が E 号に，しっかりした船長と，休養十分でかつ適正数の乗組員とを配乗させなかったこと

④　VTS（Vessel Traffic Service）の適切さを欠いた装備と人員配置不十分，適正な訓練の欠如，管理監督の欠陥のために，有効に機能しなかったこと

⑤　パイロット業務提携が不十分だったこと

事故再発予防の観点から，前述の明らかになった事実に基づいて，NTSBは，何点かの明確な勧告を，USCG（米コーストガード），米環境保護局，米地質研究所，Exxon海運会社やValdez港からNorth Slope原油を運搬するタンカー会社，Alaska州，Alyeskaパイプライン社，Alaska地方応急チームのそれぞれに対して行った。

第2章　海　　難

1　海難（かいなん）とは

「板子（いたこ）一枚下は地獄」といわれたように，従来，航海術，造船技術が未熟な時代に大洋を航行すること自体が大変危険なことであった。このことから，「海難」は船舶航行に伴って発生する船舶，積み荷，人命の危険性を表現する用語として使われてきた。海難は，海上における船舶の事故であり，おおむねその事象は損失を伴う①衝突，②乗揚（のりあ）げ，③浸水，④転覆，⑤沈没，⑥火災，⑦機関故障，⑧運航阻害，⑨積み荷損害，⑩行方不明，⑪人身事故，⑫油などの排出による環境汚染を意味する。

わが国の最近の海難実態は，海難審判庁の報告によると次のとおりとなっている。

2　主要な海難種類

2004年（平成16年）中に海難審判理事所は，海難として，5770件，6739隻を認知し760件の審判開始の申立を行った。船種別では，貨物船が最も多く全体の32.5%で，次いで漁船が19.1%であった。海難種類別では，「乗揚げ」が全体の19.2%，「船舶間衝突」が18.2%及び「岸壁などへの衝突」が10.7%であった。

2003年（平成15年）に海難審判庁は，715件，1079隻の海難審判を行ったが，最多海難の乗揚げ，船舶間衝突の原因は，次のように報告されている。

3　船舶間衝突の原因

全裁決の42%が船舶間衝突事件で，その原因は，「見張り不十分」が過半数を占め，次いで，「航法不遵守」，「信号不履行」であった。

3.1　見張り不十分の内容

見張り不十分の状況は，次の3種類に分類された。

⑴見張りを行わなかった

漁船の「操業中」，遊漁船やプレジャーボートの「釣り中」が主で，他船の避航に頼って漁ろう作業に専念していたり，釣りに熱中するあまり見張りが疎かになっていたりすることが覗える。

⑵見張りは行っていたが，衝突直前まで相手船を認めなかった

この発生要因は，漫然（まんぜん）と航行（30%），死角を補う見張りを行わなかった（28%），一方向のみを見張っていた（16%），第3船に気をとられていた（16%）などとなっており，見張りは行っていたものの，「前路に他船はいない」との思い込みや，1つの対象に気をとられたことにより，周囲の見張りが十分に行われていないケースが多くみられる。

⑶相手船を認めた後の動静監視が不十分であった

相手船を初認したものの，そのままで危険はないものと思った（52%），相手船が避けてくれると思った（31%）など，初認時の安易な判断から，その後の相手船の動静確認を怠り，衝突を招いている。

3.2　航法不遵守（ふじゅんしゅ）の内容

航法不遵守とは，相手船の存在を認めていたものの，適切な避航措置をとらなかったものをいう。この内訳は，海上衝突予防法の「船員の常務」が最も多く，4割を占めており，定型的な航法では，「横切り船の航法」が26%で最も多く，次いで「視界制限時の航法」が14%となっていた。

4　乗揚げの原因

全裁決の2割が乗揚事件，その中で示された海難原因のうち，「居眠り」が最も多く，約3割を占めていた。

第3章　海難調査に関する最近の国際海事機関（IMO）の動向

最近の運輸設備は巨大化し，いったん事故になったときの被害は甚大(じんだい)であることから，異常事態を減らし，事故の危険性を小さくしておくことが求められている。

航空機では，国土交通省航空事故調査委員会が証拠物の収集，厳密な検証を行い原因を究明し，事故防止のための施策の勧告などを行っている。加えて，インシデント報告（ヒヤリハット，未然事故報告）を義務づけ，事故になる可能性についても，その原因究明とそれに基づく事故防止対策の検討が本格的になされている。

自動車では，警察機関による刑事責任について調査が行われている。海難審判，航空事故調査委員会のような独立した原因究明体制はないが，自動車交通安全対策検討会が設置され，直接原因（主として運転者の過失）以外のさまざまな原因や背景要因の詳しい分析を実施し，地方陸運支局は，カーナビゲーションシステムや携帯電話使用，運転者の過労，勤務時間や健康状況，事故者の心理状態，事故歴，回避行動など，また，車両の設計構造，整備不良，改造関連などを細かく調査している。

船舶では，大規模な海洋汚染を引き起こす海難が多く発生したことから，IMO（国際海事機関）を中心に，STCW 条約にも基づく船員の資質の向上，ポートステートコントロール，ISM コードなどの整備，ダブルハル（二重船殻）対策などが進められた。これらの基本的な事項を遂行することが，船舶の安全航行を確保するための前提となっている。

1　海難調査の充実強化

前述した安全を取り巻く整備が進んでも，事故は予期し得ない事態によって起こり得る。そのために，安全戦略にはこれらの基本的事項の推進に加え，事故をもたらした原因の調査から，一層充実した事故再発防止対策を進めるための海難調査の充実強化が提案されてきた。

海難調査は，各国がその国独自の体制及び方法で実施されており，関係国間の情報交換や調査協力についてはその国の判断に大きく左右されてきた。一方，近年の流出油事故を伴う沿岸国の環境に重大な被害を及ぼす海難などについて，損害賠償などの経済的な配慮が優先し，必ずしも円滑な海難調査ができない事例が発生してきた。このような状況に鑑み，海難調査の国際的な枠組みの必要性が認識され，国際海事機関の議題にとりあげられ，各国の意見が集約されてきた。各国が調査内容を標準化して情報交換すること，調査対象を海難（アクシデント）と海難に至る寸前の危険事態（ヒヤリハット，インシデント）とすること，関係国が事故調査の権限を共有することである。そして，具体的調査項目や情報交換について国際的な調査官会議などを開催している。こうした動きによって，再発防止のための事故原因究明と安全対策の協力が深まることが期待される。

直接，海難調査に関係するIMO「海難及び海上インシデント（ヒヤリハット）の調査のためのコード（1997.11.27)」決議書，附属書，及びその指針における要点の一部を概説する。

1.1　海難及びインシデントの定義

海難は，非常に重大な海難，重大な海難，海難の3段階にわたって定義され，これに続いて海上インシデント（ヒヤリハット）も定義された。

⑴非常に重大な海難の定義

船舶の全損，人命の喪失，または深刻な汚染を含む船舶の海難をいう。

⑵重大な海難の定義

非常に重大な海難とみなされない次の海難をいう。

①火災，爆発，乗場げ，接触，荒天による損害，氷による損害，船体亀裂または船体の欠陥の疑いなどの結果，水面下の浸水，主機の作動不能，居住区の過大な破損などの不堪航をもたらす構造的損害

②汚染（量を問わない）

③曳航（えいこう）又は陸上の救援を要する故障

⑶海難の定義

① 船舶の運用に起因・関連した人の死亡，または重傷

② 船舶の運用に起因・関連した，船舶からの人の消失

③ 船舶の全損，推定全損または放棄

④ 船舶への具体的な損害

⑤ 船舶の乗揚げまたは航行不能，もしくは衝突における船舶の関与

⑥ 船舶の運用に起因・関連した具体的な損害

⑦ 1隻又は複数隻の船舶の運用に起因・関連する1隻または複数隻の船舶の損害によってもたらされた環境への損害

⑷海上インシデント（ヒヤリハット）の定義

船舶または人が危険にさらされ，又は結果として船舶や構造物，環境への重大な危害が生じたかも知れない船舶の運用に起因・関連するできごと，又は事象をいう。

1.2　附属書「海難及び海上インシデントにおけるヒューマンファクターの調査のための指針」の骨子

⑴目　　的

海難及び海上インシデントにおけるヒューマンファクターの系統的調査について実際的な手引きを与え，効果的な分析と予防措置の策定を考慮に入れている。なお，長期的な目的は，類似海難や海上インシデントが将来発生するのを防止しようとするものである。

⑵調査の系統的手法

ヒューマンファクターの調査のための段階的な系統的手法のプロセスを以下に示す。

Step 1：事件データの収集

Step 2：事件経緯の確定

Step 3：不安全行為または不安全意志決定および不安全事件の特定

そして不安全行為または不安全意志決定については，

Step 4：エラーの分類またはルール違反の特定

Step 5：隠れた要因の特定

Step 6：安全上問題となりうるものの特定と安全対策の策定

⑶調査順序

調査の事実認定の主な方法は以下のとおり。

① 現場の検査

② 物証の収集と記録

③ 文化，言語の相違を考慮した現場や現場外における証人に対する質問

④ 文書，手順書と記録の吟味

⑤ 必要な場合，専門的研究の実施

第4章　洋上生存

昔は，乗っている船が遭難すれば助かる可能性は低かった。今では，「人間の命は地球よりも重い」という考えの元に殆どの場合，助けられるようになっている。これも過去の教訓から先人が得た価値観や知恵に基づくもので，先人の尽力に感謝しなければならないことである。

海上において船舶が遭難した場合の，人命の救助に関する対策については，古くからその重要性が認識されていた。英国は，海運国としての歴史も長く商船も多く保有していた。しかし，海難も多発し，船員の死亡率も高かった。そのために，18世紀の後半に英国沿岸における船舶遭難時の救助のために，沿岸各地に救助艇が配備された。この救助艇が改良されて，船舶に搭載される救命艇の原型となっていった。英国において，1852年（嘉永5年）の「Birken Head号」の海難事故で，救命艇が3隻しか使用できず，約400名以上が死亡した。この事件後，英国では，海上における人命安全確保のためには，船舶に貨物の積み過ぎを制限し，有効な救命設備を備えつける必要性が認識された。

1　船位通報制度など

1.1　SAR条約

SAR条約（サーチ・アンド・レスキュー条約：International Convention on Maritime Search and Rescue，1979：1979年の海上における捜索及び救助に関する国際条約）は，海上における遭難者を速やかに効果的に救助するために，沿岸国が自国周辺の一定の海域について捜索救助の責任を分担し，適切な捜索救助業務を行うために，国内制度を確立するとともに，関係各国間で海難救助活動の調整などの協力を行うことを定めて，世界的な捜索救助体制の創設を目指すものである。この条約は，1979年（昭和54年）4月に採択会議がドイツのハンブルグで開催され，51ヶ国が参加して採択され，1985年（昭和60年）6月22日に発効した。わが国は，同年6月10日にSAR条約の締結国になった。SAR条約を効果的に運用するためには，遭難および安全のための通信網を確立して整備することが必要であることが認識されて，IMOは全世界的な海上における通信および遭難救助のシステムを検討し，GMDSSが導入されることになった。SAR条約は，本文（8つの条文）と附属書（6つの章）で構成されている。その主な内容は次のとおりである。

① 沿岸国は，隣接国との合意のもとに捜索区域を定め，その区域内の捜索救助活動について責任を負う。

② 沿岸国は，捜索救助活動を適切かつ十分に実施するために必要な組織,体制,施設などを整備するとともに,隣接国との協力体制を確立する。

③ 捜索救助の迅速化，効率化に役立つ船位通報制度の導入など，必要な情報を把握するための体制を整備する。

1.2　船位通報制度

米国コーストガードによって，1958年（昭和33年）から運用されていた船位通報及び救助制度のAMBER（アンバー）システムは，航行する船舶の航海中の位置や航海計画などを，コーストガードのアンバーセンターに通報することにより，海難が発生した場合に遭難船舶の捜索と救助活動が容易にできることで高い評価をあたえられた。SAR条約は，これと同じような船位通報制度を導入するように勧告した。内容の概要は以下のとおりである。

(1) 締約国はSAR活動を容易にするため，実行可能な場合は自国に船位通報制度を確立する。

(2) 船位通報制度は，捜索区域を狭い範囲に限定するなどの目的のために，船舶の動静に関して最新の情報を提供する。

(3) 船舶の将来位置，予測可能な航海計画と位置情報の提供などの船位通報制度の運用上の要件を満たす。

(4) 船位通報制度の通報事項の構成

① 航海計画：船名，コールサイン，出発日時，出発地，寄港地，予定航

路，速力，到着予定日時

② 位置通報：船名，コールサイン，日時，位置，針路，速力

③ 最終通報：船名，コールサイン，到着日時（または制度の及ぶ区域を離れる日時）

現在，各国ではSAR条約に基づいて船位通報制度が実施されている。わが国では海上保安庁が，SAR条約への加入の準備のため1982年から船位通報制度の準備を始め，1985年（昭和60年）10月1日から運用が開始された。わが国の船位通報制度は，JASREP（ジャスレップ，Japan Ship Reporting System）と呼ばれている。米国，わが国以外でも，各国において船位通報制度が運用されている。

現在運用されている，代表的な国名と制度名を紹介する。オーストラリア(AUSREP/REEF REP)，ブラジル(SISTRAM)，チリ(CHIL REP)，デンマーク(SHIP POS)，グリーンランド（GREEN POS)，インド（INSPIRES)，イタリア(ARES)，シンガポール（SING REP)，イギリス（MAR REP)，フランス（SUR-NAV）などがある。

2　GMDSS

GMDSS（Global Maritime Distress and Safety System：海上における遭難および安全に関する世界的な制度）とは，通信衛星や最先端のデジタル通信技術を利用することで，世界的な通信ネットワークを構築し，広範囲な遭難・安全通信をより迅速・確実に行うシステムである。これにより図4－2に示すように，突然の海難に遭遇した場合でも，自動的もしくは簡単な操作でいつでもどこからでも，遭難警報の伝達が可能である。

GMDSSでは，船舶の世界中の航行区域をA1～A4という4つの区域に分けて，船舶に搭載する無線通信システムが定めてある。

2.1　GMDSSの構成

GMDSSの構成は，捜索・救助の通信と海上安全情報通報である。

(1)適用区域

①A 1 区域は，VHF 海岸局の覆域（陸岸から 20 海里前後）

②A 2 区域は，中波海岸局の覆域（陸岸から約 150 海里，A 1 を除く）

③A 3 区域は，国際海事衛星の覆域（緯度 70 度以下，A 1，A 2 を除く）

④A 4 区域は，北極と南極地方（A 1，A 2，A 3 を除く）

(2)捜索・救助の通信

船舶が遭難した場合には，遭難信号を発信しなければならない。船舶から，遭難信号を発信する方法が以下の 3 とおりであり，これは，航行区域に応じて定めてある。

①コスパス・サーサットシステム（COSPAS/SARSAT SYSTEM）

コスパス（COSMOS Satellite for Program of Air and Sea Rescue : COSPAS）システムと，サーサットシステム（Search and Rescue Satellite Aided Tracker : SARSAT）の衛星を利用して，遭難船舶の EPIRB（イーパブ，Emergency Position Indicated Radio Beacon）の遭難信号を，地上の救助機関に中継するシステムである。

②中波・短波通信システム

中波・短波通信システムとは，DSC や，NBDP で遭難信号を送受信するシステムである。

・DSC（Digital Selective Calling：デジタル選択呼出し）は，GMDSS の無線設備の 1 つであり，HF，MF，VHF の周波数を用いて，船舶及び海岸局の呼出し，船舶からの遭難通報の送信，海岸局が遭難通報を確かに受信したことを遭難船に知らせる受信確認通報，船舶または海岸局からの遭難通報を他の船や海岸局への中継などに用いられる。

・NBDP（Narrow Band Direct Printing：狭帯域直接印刷電信）は，中波・短波の周波数を用いて，遭難・安全及び一般のテレックス通信を目的とした，送受信装置である。

③インマルサット遭難通信システム

INMARUSAT（International Mobile Satellite Organization：インマルサット）

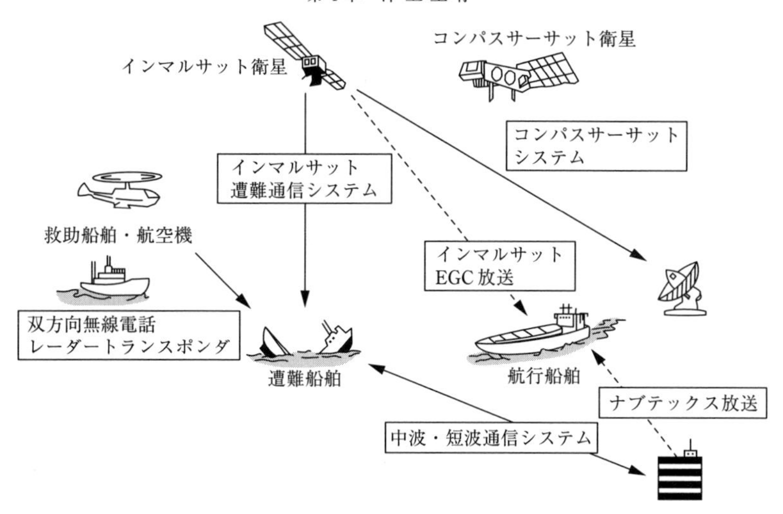

図4−2　GMDSS概念図

遭難通信システムは，太平洋，インド洋，大西洋上にある静止衛星を使用して，地球上のすべての海域における遭難と人命の安全に関する通信を行うことができる。

⑶海上安全情報の放送

①ナブテックス放送

NAVTEXは，海岸から約400海里程度までの，沿海水域に関する航海と気象上の警報やその他の緊急海上安全情報を，沿岸海域にいる船舶に知らせるためのシステムである。

②インマルサット　EGC放送

EGC（Enhanced Group Call：高機能グループ呼出）は，陸上から特定の船，特定の海域の船舶，ある会社の船舶のような，特定の船隊やすべての船舶などに海上安全情報を放送するものである。

⑷イーパブとサート

GMDSS機器の大部分は通信機器であるが，イーパブとサートは航法機能を持つ。イーパブは浮かびながら，自動的に遭難信号を発信することができる機器であり，サートは，捜索用レーダの信号を受信すると遭難者に音で救助隊が近づくことを知らせ，捜索側に自動的に応答電波を送り，レーダスコープ上にサートの位置を表示する機能を持つ。

船舶救命設備規則にはこれらの搭載が次のように定められている。

①イーパブ（浮揚型複軌道衛星利用非常用位置指示無線標識装置）

非常の際に救命艇または救命いかだに運ぶことができ，かつ，船舶の沈没の際自動的に浮揚して船舶から離脱するように積み付けなければならない。

写真 4−1　イーパブ

②サート

レーダトランスポンダは，非常の際に救命艇または救命いかだのいずれか１隻に運ぶことができるように適当な場所に積み付けなければならない。

写真 4−2　サート

2.2　遭難した場合の GMDSS の運用

船舶が遭難して救助されるまでの，GMDSS の流れは以下のようになる。

(1)遭難警報の発信

衛星 EPIRB，DSC 通信装置，インマルサット通信装置により遭難警報を発信する。

(2)遭難警報の受信

衛星 EPIRB からの遭難警報は，コスパス・サーサット衛星を中継して地上局で受信し，その

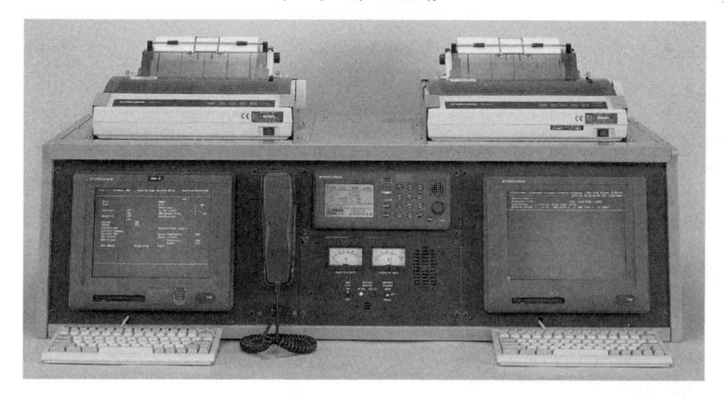

写真4−3　GMDSSコンソール

警報から遭難船舶と遭難位置を判定する。DSCまたはインマルサット通信装置からの，遭難警報を受信した場合は，無線電話や無線テレタイプにより，直接遭難船舶と通信を行う。

⑶遭難現場捜索活動

捜索現場では，遭難船舶または救命艇・救命筏から発信された，サート（Search and Rescue radar Transponder : SART）のレーダ電波信号を，捜索船舶や航空機が受信して，遭難者の位置を確定する。

⑷遭難者の救助

捜索船舶が遭難現場に到着して，遭難者を救助する場合に，双方向無線電話装置（150 MHz帯のポータブルFMトランシーバ）を使用して，負傷者の有無やその状況及び人数などを確認して，円滑に救助活動を行う。写真4−3にGMDSSコンソールを示す。

3　最近のデータ通信

最近では，インマルサット衛星通信システムが発達し，音声（電話），メール，インターネット，FAXが船橋，船長室などで簡単に行えるようになった。船はもはや，洋上で孤独な存在ではない。図4−3に，インマルサットデータ通信システムの設備イメージを示す。

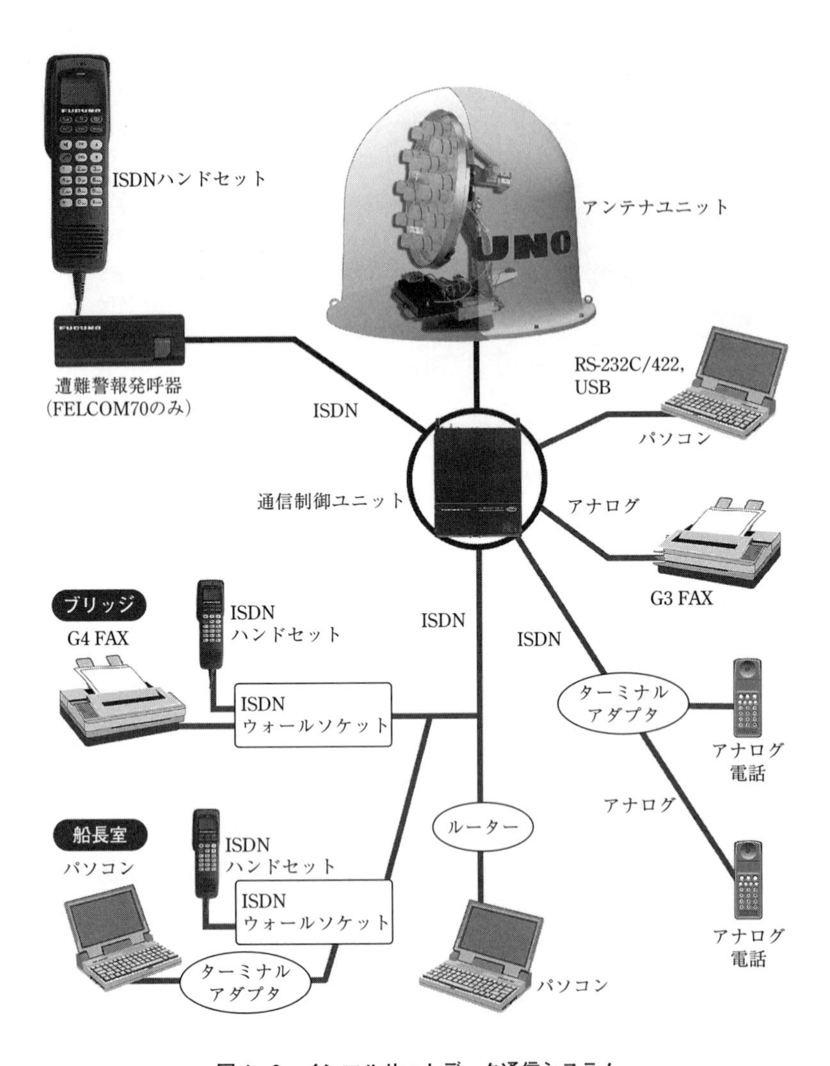

図4−3　インマルサットデータ通信システム

第5章　ISMコードの概要

ISMコード(アイエスエムコード，国際安全管理コード)とは，1993年11月，IMO（国際海事機関，International Maritime Organization）総会において採択された決議A. 741(18)「International management Code for the Safe Operation of Ship and for Pollution Prevention（International Safety Management(ISM) Code)」のことをいう。

1　ISMコード制定の経緯

ISMコードは，1987年（昭和62年）3月に発生した「HERALD OF FREE ENTERPRISE」号転覆事故（188人死亡）を契機に，英国が中心となって制定された船舶管理のための規則であり，当時SOLAS条約に取り入れることが提案されたが，時機が早すぎるとして成立しなかった。その後，再度船舶の安全運航と海洋汚染防止について検討が加えられ，1993年（平成5年）11月4日，IMO第18回総会において，決議A. 741（18）として採択され，かつ，SOLAS条約に取り入れられることが決議された。1994年（平成6年）5月のSOLAS条約締結国会議において，SOLAS条約附属書に新たに第Ⅸ章を設けISMコードを強制化し，適用する旨の条約改正が採択された。その後，2002年（平成14年）12月に小改正されている。

2　ISMコードの特徴

IMOは，従来から設備・構造（ハード要件）の基準を作ってきた。しかし，海難事故の原因は，おおむね80%が「人的要因」によるものといわれ，海難事故防止のためには，船舶の安全運航を確保する体制を構築することが最も重要であることが分かった。このためには船舶だけでなく陸上の管理部門も含めた全社的な取り組み，すなわち，安全管理システム（ソフト要件）が必要であると判断するに至り，ISMコードが制定された。

1994年（平成6年）にIMOにおいて採択されたSOLAS条約には，新たに「船舶の安全運航の管理」が第9章として追加され，その中に「会社はISMコードの要件を満たすものでなければならない」と規程されている。この規程は，1998年（平成10年）1月1日からわが国の「船舶安全法施行規則」の第2章の2に規定され施行されている。

従来，「一旦，港を離れると何がおきるか分からない」という伝統的な考え方から，管理体制の確立は，船長個人の責任により行われ，マニュアル的管理は不適当とされてきた。ISMコードは，管理責任を会社においた。このことは革命的な変化である。船主または船舶の安全に関して責任を有する者（会社）に安全管理の実施を義務づけたのである。

具体的には，会社に対して，安全管理システム（SMS）の策定・実施，陸上担当者の選任，安全運航マニュアルの作成・船舶への備え付け，緊急事態への準備・対応手続きの確立，船舶・整備の保守手続きの確立を行わせる一方，船長に対して船内における安全管理制度の位置付け，主管庁などによる安全管理システムの審査，寄港国政府の行う審査（PSC）などにより，その実効性を担保しようとしている。

欧州人特有の契約ともいうべき責任の明確化と安全チェックであるともいわれるが安全に関して，なれあいや悪習慣は良くない。この意味では，まさに船

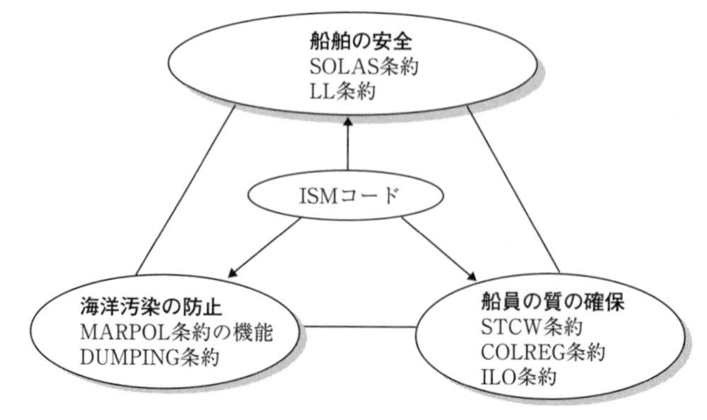

図4—4　ISMコードと他の条約との関連

舶の安全確保や環境保全を確実にするための総合的なシステムである。反面，どうにかしてISMによるペーパーワークと事務処理を減らさなければ，今にも“ISMコードによる事故”が発生する可能性があるという一部の意見を見聞きする。そのため，ISMの文書管理をシステム化し，会社および本船でのISMコード管理業務の省力化，合理化を実現するソフトも出ている。

3　ISMコードとISO 9000シリーズ

ISO（国際標準化機構）は，国際規格の制定・出版を行っており，この中に世界共通の品質保証モデルとしてのISO 9000シリーズと呼ばれる規格がある。この規格は製造業者（供給者）における品質管理活動に対する要求事項を，購入者（顧客）の立場に立って作った規格である。品質保証という概念は，米軍の軍用規格から始まっている。軍需産業においては，その使用目的から特に厳しい品質保証が要求されるからである。この他，宇宙産業や原子力産業でも品質保証に関しては厳しい対応がとられているが，いずれも高い安全性が要求される産業だからである。その後，この規格は製造業のみでなくサービス業にも適用できるようになっている。

ISMコードは，ISO 9000シリーズの中の1つの規格であるISO 9002（製造，据付け及び付帯サービスにおける品質保証モデル）を船舶管理用に修正したものといわれている。ただし，ISMコードとISO 9002の大きな違いは，ISMコードが「強制規則」であるのに対しISO 9002は任意規則であることである。

4　ISMコードの内容

4.1　目的，適用船舶

目的は，海上における安全，障害または人命の損失並びに環境，特に海洋環境及び財産の損害回避（かいひ）を確実にすることとされている。国際海運において，船舶の管理を強制化したのはISMコードが最初であり，それ以前には管理が十分でない会社が多数あった。そのような会社の管理下にある船舶が多数海難事故を起こしているとの認識から，船舶管理の国際基準を制定し海難事故を防止・減少させるのがISMコードの目的である。

適用船舶は，国際航海に従事する，すべての旅客船，高速旅客船，国際航海に従事する500総トン数以上の，油タンカー，ケミカルタンカー，ガス運搬船，ばら積貨物船，高速貨物船，その他の貨物船，移動式海底資源掘削（くっさく）ユニットとされている。

4.2　ISMコードの条文

まず，詳しい解説本を読む前に，どのような内容か直接，条文の内容を把握することが近道である。国土交通省ISMコード研究会による仮約を巻末に紹介するのでご参照いただきたい。

5　ISMコード及び関連条約略語

関連条約でよく使われる略語を下記に紹介する。

・SOLAS

1974年の海上における人命の安全のための国際条約（SOLAS条約）
International Convention for the Safety of Life at Sea，1974

・LL

1966年の満載喫水線に関する国際条約（LL条約）
International Convention on Load Lines，1966

・STCW

1978年の船員の訓練及び資格証明並びに当直の基準に関する国際条約（STCW条約）
International Convention on Standards of Training,Certication and Watchkeeping for Seafarers，1978

・COLREG

1972年の海上における衝突の予防のための国際規則に関する国際条約（COLREG条約）
Convention on the International Regulations for Preventing Collisions at Sea，1972

・MARPOL 73／78

1973年の船舶による汚染の防止のための国際条約に関する1978年の議定書（MARPOL 73／78議定書）
Protocol of 1978 relating to the International Convention for the Prevention of Pollution from Ships, 1973

・**LONDON**
廃棄物その他のものの投棄による海洋汚染の防止に関する条約（DUMPING条約）
Convention on the Prevention of Marine Pollution by Dumping of Wastes and Other Matter, 1972

・**ISM code**
ISMコード，国際安全管理コード，船舶の安全航行及び海洋汚染防止のための国際管理コード

・**Guide line**
ガイドライン，海上安全委員会決議MSC.104（73）（主管庁による国際安全管理（ISM）コードの実施のためのガイドライン）

・**Company**
カンパニー，会社，安全管理会社

・**Administration**
主管庁，船舶の旗国の政府

・**Safety management system**
SMS，安全管理システム

・**Safety manegement manual**
SMM，安全管理マニュアル，安全管理手引書

・**Audit**
検査，審査，監査

・**Designated person（s）**
管理責任者，DP

・**Document of Compliance**
DOC，適合書類

・**Safety Management Certificate**
SMC，安全管理証書

・**Interim Document of Compliance**

IDOC，仮適合書類

・**Interim Safety Management Certificate**

ISMC，仮安全管理証書

・**Major Non－conformity**

重大な不適合，主要な不適合

・**Observation**

オブザベーション，検査に関する記事

第6章　海上安全に関わる主な国際条約

1　海上における人命の安全のための国際条約

1.1　タイタニック号の遭難とその教訓

英国のホワイトスター社のタイタニック号は，1908年（明治41年）にアイルランドのベルファストで建造が開始され，1911年（明治44年）に進水した。デッキには，木造の救命ボート16隻と折りたたみ式救命ボート4隻が搭載されていた。1912年（明治45年）4月10日に，英国サウザンプトンを出港して，アメリカのニューヨークに向かう処女航海に出発した。4月14日には，氷山出現の警告を，付近の他の船から7回にわたり受け取っている。その日の2時40分頃，氷山が船首右舷に激突して浸水が始まった。4月15日の午前0時頃，タイタニック号は無線で救難信号を発信した。0時5分頃，乗客および乗組員はデッキに集合したが，全乗船者数の約半数が収容できる救命ボートしか搭載していなかった。2時5分頃，最後の救命ボートがタイタニック号を離れていき，1500人以上の乗客・乗員が船上に取り残された。2時18分頃，タイタニック号は2つに折れて，船首の部分が海中に沈んでいった。その約2分後に，切り放された船尾部分が海中に没していった。

4月15日の0時25分頃，タイタニックの南東約50海里の位置にいた，カルパチァ号が，救難信号をキャッチし救助に向い，午前3時0分頃遭難現場に到着し,約700人を救助した。その後の捜索作業で約300人の遺体が収容された。

タイタニックの海難事件は，海上における船舶の安全上，次にあげるような多くの教訓を残した。

⑴船体の水密構造の問題

右舷船首の舷側の氷山との衝突による亀裂部の長さは，約70 mで5区画であったが，水密隔壁（すいみつかくへき）の間隔や高さが十分ではなかったことが，沈没の時間を早めることになった。

(2)遭難通信の聴取の問題

当時は，遭難通信の聴取を強制する規則がなかったことと，視覚信号による遭難信号の意味の国際的な統一がなされていなかったために，救助船の遭難現場への到着が遅れた。

(3)救命艇の搭載の問題

タイタニック号の最大搭載人員は3500名であるのに，搭載救命艇は16隻で，全収容人員はその他の端艇などを含めても1700名であった。しかも，積み付け位置が水面上約20メートル以上の高さで，救命艇の降下進水作業が困難であった。

(4)流氷監視の問題

北大西洋の流氷海域における流氷監視が国際的に実施されていなくて，結果的に氷山に衝突して大きな犠牲を出してしまった。

1.2　SOLASへの発展

前述した，タイタニック号事件をきっかけに，船舶の構造・設備などについての国際標準を協定することが進展し，1914年（大正3年）には海上における人命の安全のための国際条約（International Convention on Safety of Life at Sea,SOLAS（ソーラス）条約）が成立し，その後，幾度かの改正を経た。1974年10月ロンドンにおいて，IMCO（政府間海事協議機関，現在はIMO,（International Maritime Organization：国際海事機関）の主催により，わが国をはじめ主要海運国を含む67ヶ国が参加して，1974年（昭和49年）の「海上における人命の安全のための国際会議」が開催され，同条約が採択された。

この条約は，旧条約が1960年（昭和35年）に発効して以来，船舶に関する技術革新及び安全基準強化に対する社会的要請に対応して行なわれた。数多くの一部改正，勧告及び決議を整理統合するとともに，かねてからの懸案であった条約の改正手続きの簡素化を図り，船舶に対する安全規制が国際的に統一されて行なわれることを狙いとして，新しい条約として同年11月1日に採択されたものである。

1.3　SOLAS 附属書の主な内容

(1)　条約本文において，発効要件，改正手続き，署名・受諾などに関して定められている。

(2)　附属書第Ⅰ章において，第Ⅱ章以下に規定する技術基準を確保するための検査の種類，時期及び内容，条約証書の発給並びにポートステートコントロールなどについて規定されている

(3)　附属書第Ⅱ章において，構造（区画及び復原性並びに機関及び電気設備），船舶の損傷による転覆・沈没の危険を防ぐための区画及び復原性の要件並びに通常の使用状態及び非常事態における船舶の安全のための機関及び電気設備，及び構造（防火並びに火災探知及び消火）について規定されている。

(4)　附属書第Ⅲ章において，乗船者が脱出するための救命設備の要件及び迅速に避難するための乗組員の配置・訓練などについて規定されている。

(5)　附属書第Ⅳ章において，無線設備の設置要件，技術要件，保守要件などについて規定されている。

(6)　附属書第Ⅴ章において，船舶が安全に航行するため，締約（ていやくこく）国政府及び船舶が執るべき措置，海上における遭難者の救助並びに船舶に備える航行設備の要件などについて規定されている。

(7)　附属書第Ⅵ章において，貨物の積付け及び固定などの要件について規定されている。

(8)　附属書第Ⅶ章において，船舶が運送する危険物に対し，包装（ほうそう），積付け要件などを規定するとともに，危険物をばら積み運送するための船舶の構造，設備などについて規定されている。

(9)　附属書第Ⅷ章において，原子力船について，原子力施設を備えているという特殊な事情を考慮し，追加的安全要件が規定されている。

(10)　附属書第Ⅸ章において，船舶の安全に関する運航管理が適切に行われていることを確保するための要件について規定されている。

⑾ 附属書第X章において，高速船の安全確保のための要件について規定されている。

⑿ その他，ばら積み貨物船・油タンカーに対する検査強化措置，操作要件に関する寄港国による監督などについて規定，ばら積み貨物船の安全措置に関して規定されている。

2　船員の訓練及び資格証明並びに当直の基準に関する国際条約

2.1　制定経緯など

1967年（昭和42年）3月，ドーバー海峡で発生したリベリア籍の巨大タンカー，トリーキャニオン号による海洋汚染事故がきっかけであった。船員の船舶運航技術の未熟さに起因する海難事故を防止するため，技能，知識基準を国際的に設定しようとする作業がIMCO（現IMO）を中心に進められ，その成果として，1978年（昭和53年）7月，ロンドンにおいて船員の訓練及び資格証明に関する国際会議が開催された。参加国は72ヶ国を数える大会となり，3週間にわたる討議の結果，「1978年の船員の訓練，資格証明及び当直維持の基準に関する国際条約」(International Convention On Standards Of Training,Certification and Watchkeeping for Seafarers, 1978：STCW条約）が採択された。

2.2　条約と附属書の主な内容

条約本文及び附属書において6章25の規則から成り立っている。

(1) 条約本文で，義務，適用範囲，発効などの一般的事項を定め，条約の附属書において，具体的な内容を規則として定めている。

(2) 附属書第1章において，一般規定であり，規則に関係する用語の定義及び資格証明書に記載すべき内容を定めた裏書き様式のほか，沿岸航海を規定するための原則及び条約本文の監督条項に関連した監督手続きを規定している。

(3) 附属書第2章は，船長及び甲板部（こうはんぶ）に関する規定であり，航海当直などの場合に守らなければならない原則的な事項と資格要件に関して規定している。資格要件は200総トン，1600総トンなどの区分ごとに沿岸航海か否かにより，船長，首席航海士及び当直担当航海士の必要とする年齢，身体適性，海上航行業務経歴（乗船履歴）及び知能技能（海技試験）の要件をそれぞれ定めるほか，当直甲板部員の要件や証明書（海技免状）の有効性のチェック（5年ごと）についても定めている。

⑷　附属書第3章は，機関部に関する規定であり，機関当直をする場合に守らなければならない原則的な事項と資格要件に関して規定している。機関部の資格要件は主機関の出力750キロワット及び3000キロワットの区分ごとに，首席機関士，次席機関士及び当直担当機関士の必要とする年齢，身体適性，海上航行業務経歴及び知識技能の要件などについて，ほぼ第2章と同様の形式で定めている。

⑸　附属書第4章は，無線部に関する規定であり，海上人命安全条約（SOLAS条約）及び無禄通信規則と関連付けながら，無線通信士及び無線電話通信士についての資格要件を定めている。

⑹　附属書第5章は，タンカーの特別要件に関する規定であり，オイルタンカー，ケミカルタンカー及び液化ガスタンカーの船長及び乗組員の訓練及び資格について定めている。

⑺　附属書第6章は，救命用端艇（たんてい）及びいかだに関する資格要件を定めている。

3　船舶による汚染の防止のための国際条約

3.1　制定経緯など

この条約は，船舶などから海洋に油及び廃棄物を排出することを規制することなどにより，海洋の汚染と海上災害を防止し，海洋環境の保全や諸国民の生命，身体，財産の保護に資することを目的として，世界的に統一しようとしたものであって，「1954年の油による海水の汚濁の防止のための国際条約」が採択された。1967年（昭和42年），英国沿岸で発生したトリーキャニオン号座礁・重油流出事故を経て，1969年（昭和43年）に改正された。この内容は原油，重油などの油のみを規制の対象としていたのに対し，近年におけるタンカーの大型化，油以外の有害な物質の海上輸送量の増大などを背景として「1973年の船舶による汚染の防止のための国際条約」が採決され，さらに「1973年の船舶による汚染の防止のための国際条約に関する1978年の議定書」（MARPOL（マルポール）73／78条約）が1983年10月2日に発効した。このMARPOL 73／78条約は，条約本文と6つの附属書により構成されている。条約本文においては，一般的義務，適用，条約の改正手続き及び発効要件などが規定されている。

3.2　附属書の主な内容

(1)　附属書Ⅰにおいて，油による汚染の防止のための規則が定められている。

(2)　附属書Ⅱにおいて，ばら積みの有害液体物質による汚染の規制のための規則が定められている。

(3)　附属書Ⅲにおいて，容器に収納した状態で海上において運送される有害物質による汚染の防止のための規則が定められている。

(4)　附属書Ⅳにおいて，船舶からの汚水による汚染の防止のための規則が定められている。

(5)　附属書Ⅴにおいて，船舶からの廃棄物による汚染の防止のための規則が定められている。

(6)　附属書Ⅵにおいて，船舶からの大気汚染防止のための規則が定められている。

主な参考文献

「ISMコードの解説と検査の実際」国土交通省ISMコード研究会編　成山堂書店
「船舶安全学概論」船舶安全学研究会著　成山堂書店

巻 末 資 料

ISM コード

A 部―実施

1. 一般

1.1　定義

以下の定義は，本コードの A 部及び B 部に適用する。

1.1.1　「国際安全管理（ISM）コード」とは，機関の総会が採択し，かつ機関が改正する「船舶の安全航行及び汚染防止のための国際管理コード」をいう。

1.1.2　「会社」とは，船舶所有者，又は船舶管理者若しくは裸用船者その他の責任を引受け，かつ，その引受けに際して，この国際安全管理コードによって課せられるすべての義務と責任を引き継ぐことに同意した者をいう。

1.1.3　「主管庁」とは，船舶の旗国の政府をいう。

1.1.4　「安全管理システム」とは，会社の職員が効果的に会社の安全及び環境保護の方針を実施できるように構築され，かつ文書化されたシステムをいう。

1.1.5　「適合書類」とは，本コードの要件に適合する会社に対して発給される証書をいう。

1.1.6　「安全管理証書」とは，会社側及び船側での管理が承認された安全管理システムに従い運用されていることが認められる船舶に発給される証書をいう。

1.1.7　「客観的証拠」とは，オブザベーション，評価又は試験を基にし，かつ検証することが可能な安全又は安全管理システムの各要素そのもの及びそれらの実施に関係した量的及び質的な情報，記録及び事実をいう。

1.1.8　「オブザベーション」とは，安全管理審査中に現課され，客観的証拠により実証された事実をいう。

1.1.9　「不適合」とは，規定されている要件の不履行が客観的証拠により示されていることが観察された状況をいう。

1.1.10　「重大な不適合」とは，本コードの要件が効果的，かつ，組織的に実施されていないことを含め，直ちに是正措置を講じなければならないような人又は船舶の安全に重大な脅威を与え，或いは環境に対し重大な危険を生じさせる明確な逸脱をいう。

1.1.11　「検査基準日」とは，適合書類又は安全管理証書の有効期間の満了する日に相当する毎年の日をいう。

1.1.12　「条約」とは，改正された 1974 年の海上における人命の安全のための国際条約をいう。

1.2　目的

1.2.1　本コードの目的は，海上における安全，傷害又は人命の損失並びに環境，特に海洋環境及び財産の損害回避を確実にすることにある。

1.2.2　会社の安全管理の目的として特に次に留意すべきである。

.1　船舶運航時の安全な業務体制及び安全な作業環境の確保

.2　予想されるすべての危険に対する予防措置の確立

.3　安全及び環境保護に関する緊急事態への準備を含めた陸上及び船上の要員の安全管理技術の継続的改善

1.2.3　安全管理システムは，次の事項を確実にするものでなければならない。

.1　適用される強制規則の遵守

.2　検閲，主管庁，船級協会及びその他の海事関係団体が勧告する適用可能なコード，指針及び基準への配慮

1.3　適用

本コードの要求事項は，すべての船舶に適用することができる。

1.4　安全管理システム（SMS）の機能的要件

会社は，次の機能的要件を含む安全管理システムを構築し，実施し，維持しなければならない。

.1　安全及び環境保護の方針

.2　関係する条約及び旗国の法令に従い，船舶の安全運航及び環境保護を確実にするための手順及び指示

.3　陸上及び船内の組織内及び組織間相互の権限及び情報伝達経路（指揮命令系統）の明確な定義

.4　事故及び本コードの規定に対する不適合の報告手順

.5　緊急事態に対する準備及び対応の手順

.6　内部監査及び経営者の見直しに関する手順

2.安全及び環境保護の方針

2.1　会社は，1.2の目的を達成する方策を述べた安全及び環境保護の方針を確立しなければならない。

2.2　会社は，陸上及び船内の組織のすべての階層において方針が実施され，かつ，維持されることを確実にしなければならない。

3.会社の責任及び権限

3.1　船舶の運航に責任を有する者が，船舶所有者以外の場合にあっては，船舶所有者はその名称などの詳細を主管庁に届け出なければならない。

3.2　会社は，安全及び環境保護に関連する業務を管理，実行又は検証するすべての要員の責任，権限及び相互関係を明確にし，文書化しなければならない。

3.3　会社は，管理責任者がその職務を行うことを可能にするような適切な経営資源及び陸上からの支援が供給されることを確実にする責任を有する。

4.管理責任者

会社は，各船舶の安全運航を確実にし，かつ，会社と船舶の間の連携を図るため，経営責任者に直接接することができる管理責任者を必要に応じて任命しなければならない。管理責任者の責任と権限には，各船舶の運航に関しての安全及び汚染防止の状況を監視すること並びに適切な経営資源及び陸上からの支援を必要に応じて提供することを確実とすることを含めなければならない。

5. 船長の責任及び権限

5.1 会社は，次に関する船長の責任を明確にし，文書化しなければならない。

.1 安全及び環境保護の方針に関する会社の方針を実施すること

.2 乗組員が方針を遵守するよう動機付けること

.3 明確かつ簡潔な方法で，適切な命令及び指示を発すること

.4 規定された要件が遵守されていることを検証すること

.5 安全管理システムの見直しを行い，その欠陥について経営者に報告すること

5.2 会社は，船舶で運用する安全管理システムの中に，船長の権限を強調した明確な記述を確実に含めなければならない。会社は，船長が安全及び汚染防止に関して決定を下す最大の責任と権限を有し，かつ，必要に応じて会社の支援を要請できることを，安全管理システムの中に確立しなければならない。

6. 経営資源及び要員配置

6.1 会社は，船長が次の要件を満たすことを確保しなければならない。

.1 船舶を指揮するための適切な資格を有すること

.2 会社の安全管理システムに十分精通していること

.3 職務を支障なく遂行できるように必要な支援を受けられること

6.2 会社は，各船舶に，旗国及び国際的要件に従った免状・資格を有し，かつ身体適正な者を配乗することを確実にしなければならない。

6.3 会社は，新たな要員及び安全と環境保護に関する職務に新たに配置転換された者が，その職務に習熟することを確実にする手順を確立しなければならない。また航海前に示されるべき重要な指示は，明確にし，文書化されて出航前に乗組員に供与しなければならない。

6.4 会社は，会社の安全管理システムに関係する者全員が，関連する規定，規則，コード及び指針について十分な理解を有することを確実にしなければならない。

6.5 会社は，安全管理システムを擁護するために必要と思われる訓練を識別する手順を確立し，維持しなければならない。また，関係者全員にそのような訓練が行われれることを確実にしなければならない。

6.6 会社は，乗組員に，乗組員の使用言語又は理解できる言語で安全管理システムに関連する情報を提供する手順を確立しなければならない。

6.7 会社は，乗組員が安全管理システムに関連する職務を実行する場合に，効果的に意思疎通ができることを確実にしなければならない。

7. 船内業務計画の作成

会社は，船舶の安全及び汚染防止に関する主要な船内業務の計画及び指示を作成するための手順を必要に応じてチェックリストを含めて確立しなければならない。また，計画に含まれる各種の業務を明確にし，それぞれの業務を適切な資格を有する要員に割り当てなければならない。

8. 緊急事態への準備

8.1 会社は，船舶が遭遇する可能性のある緊急事態を識別し，規定するとともに，それら

に対応する手順を確立しなければならない。

8.2　会社は，緊急時の行動に備えるため，訓練と演習のプログラムを確立しなければならない。

8.3　安全管理システムは，船舶が遭遇する危険，事故及び緊急事態に対し，会社の組織がいつでも対応し得ることを確実にする手段を提供するものでなければならない。

9. 不適合，事故及び危険の発生の報告及び解析

9.1　安全管理システムには，不適合，事故及び危険状態が会社に報告され，安全及び汚染防止の促進の目的に則って調査及び解析されることを確実にする手順が含まれなければならない。

9.2　会社は，是正措置の実施のための手順を確立しなければならない。

10. 船舶及び設備の保守

10.1　会社は関連する規則類及びその他の社内で制定された追加の規程にしたがって船舶を保守することを確実にする手順を確立しなければならない。

10.2　会社はこれらの要件を満たすために，次のことを確保しなければならない。

.1　点検が適正な間隔で実施されること

.2　すべての不適合は，想定される原因とともに報告されること

.3　適切な是正措置がとられること

.4　これらの実施記録を維持すること

10.3　会社は，安全管理システムに突憩作動が停止した場合に危険な状態を招くような設備及び機能を識別する手順を確立しなければならない。安全管理システムには，そのような設備又は機能の信頼性の向上を目的とした特別な手段を設けなければならない。この手段には，予備の設備・機器又はシステムの定期的な試験を含めなければならない。

10.4　10.2の点検は，10.3の手段とともに，船舶が通常運航する際の保守業務に組み込まれなければならない。

11. 文書管理

11.1　会社は，安全管理システムに関連するすべての文書及びデータを管理する手順を確立し，維持しなければならない。

11.2　会社は，文書管理手順において次のことを確実にしなければならない。

.1　有効な文書がすべての関連部署で使用できること

.2　文書の変更は，関係する責任者によって審査され，承認されること

.3　廃棄された文書はすみやかに取り除かれること

11.3　安全管理システムを規定し，実施するために使用される文書を“安全管理マニュアル”という。また，文書化は，会社が最も効果的と判断する様式としなければならない。各船舶は，自船に関する全文書を船内に備えなければならない。

12. 会社による検証，見直し及び評価

12.1　会社は，安全及び汚染防止活動が安全管理システムに従っているかどうかを検証するため，内部安全監査を実施しなければならない。

12.2 会社は，設定された手順に従って，安全管理システムの効果を定期的に評価し，必要な場合は，見直さなければならない。

12.3 監査及び是正措置は文書化された手順に従って実施しなければならない。

12.4 監査を行う者は，会社の規模及び形態に応じ実行可能な限り，被監査部署から独立した者でなければならない。

12.5 会社は，監査及び見直しの結果について，関係する部署のすべての責任者に対して注意喚起をしなければならない。

12.6 関係する部署の責任者は，明らかになった不備に対して時宜を得た是正措置を講じなければならない。

B部—証書及び検査

13. 証書及び定期的検査

13.1 船舶は，その船舶に対して適切な適合書類又は14.1に従った仮適合書類の発給を受けた会社によって運航されなければならない。

13.2 適合書類は，主管庁により指定された5年を超えない有効期間において，本コードの要件に適合している会社に対して，主管庁，主管庁の認定した団体，又は主管庁の要請により他の条約締約国の政府が発給する。この適合書類は，その会社が本コードの要件に適合していることの証拠として受け入れられるべきである。

13.3 適合書類は，それに明確に記載された船舶の種類についてのみ有効である。このような記載は，最初の検査に基づく船舶の種類に基づかなければならない。他の種類の船舶は，そのような船舶の種類に適用可能な本コードの要件に会社の能力が適合していることを検査した後でのみ追加されなければならない。この場合において，船舶の種類とは，条約第IX章第1規則に言及されているものをいう。

13.4 適合書類の有効性は，検査基準日の前後3箇月以内に，主管庁，主管庁の認定した団体，又は主管庁の要請において他の締約国の政府により行われる年次検査を条件としなければならない。

13.5 適合書類は，13.4で要求される年次検査が申請されなかった場合又は本コードに対する重大な不適合の証拠がある場合には，主管庁又はその要請において適合書類を発給した締約国の政府により取り消されなければならない。

13.5.1 適合書類が取り消された場合，それに関連するすべての安全管理証書及び仮安全管理証書についても，取り消されなければならない。

13.6 船長が，主管庁又は主管庁の認定する団体による検査，又は条約第IX章第6規則2に規定される監督の目的の際に，提示要求に応じて提示できるように，適合書類の写しを船内に備え置かなければならない。適合書類の写しは，本物であることの認証又は，証明を受けたものである必要はない。

13.7 安全管理証書は，船舶に対して，5年を超えない有効期間において，主管庁，主管庁の認定する団体又は主管庁の要請において他の締約国の政府により発給されなければならない。安全管理証書は，会社及び船内の管理が承認された安全管理システムに従って運用されていることを検査した上で発給されなければならない。このような証書は，その船舶が本コードの要件に適合していることの証拠として受け入れられるべきである。

13.8 安全管理証書の有効性は，少なくとも1回の中間検査が，主管庁，主管庁の認定した団体又は主管庁の要請において他の締約国の政府により行われることを条件としなければならない。1回の中間検査のみが行われ，かつ安全管理証書の有効期間が5年である場合には，中間検査は，安全管理証書の第2回目の検査基準日から第3回目の検査基準日までの間に実施されなければならない。

13.9 安全管理証書は，13.5.1の要件に加えて，13.8で要求される中間検査が申請されない場合又は本コードに対する重大な不適合の証拠がある場合には，主管庁又は主管庁の要請において発給した締約国の政府により取り消されなければならない。

13.10 13.2及び13.7の要件にかかわらず，更新検査が現行の適合書類又は安全管理証書の満了日前3箇月以内に完了する場合，新しい適合書類又は安全管理証書は，更新検査の完了日から現行の適合書類又は安全管理証書の満了日から5年を超えない期間まで効力を有するものとしなければならない。

13.11 更新検査が現行の適合書類又は安全管理証書の満了日から3箇月より前に完了する場合，新しい適合書類又は安全管理証書は，更新検査の完了日から更新検査の完了日から5年を超えない期間まで効力を有するものとしなければならない。

14. 仮証書

14.1 仮適合書類は，本コードの初期の実施を容易にするために，以下の場合，即ち，

.1 会社が新規に設立された場合，又は

.2 新しい船舶の種類が現行の適合書類に追加された場合には，会社が仮適合書類の有効期間において本コードの全要件に合致した安全管理システムを実施する計画を提示することを条件に，会社が本コードの1.2.3の要件に適合する安全管理システムを有することを検査した上で，発給することができる。この仮適合書類は，主管庁，主管庁の認定する団体又は主管庁の要請において他の締約国の政府により，12箇月を超えない有効期間において発給されなければならない。船長が主管庁又は主管庁の認定する団体による検査又は条約第Ⅸ章第6規則2に規定される監督の目的の際に，提示要求に応じて提示できるように，仮適合書類の写しを船内に備え置かなければならない。仮適合書類の写しは，本物であることの認証又は，証明を受けたものである必要はない。

14.2 仮安全管理証書は，以下に対して発給することができる。

.1 新造船に対し引き渡し時に

.2 会社がその会社にとって初めての船舶の運航に対する責任を引き受けた場合

.3 船舶の旗国が変更された場合

このような仮安全管理証書は，主管庁，主管庁の認定する団体又は主管庁の要請において他の締約国の政府により，6箇月を超えない有効期間において発給されなければならない。

14.3　主管庁又は主管庁の要請により他の締約国の政府は，特別な場合，仮安全管理証書の効力を，満了日から6箇月を超えない期間において延長することができる。

14.4　仮安全管理証書は，以下の事項に対する検査を行った上で発給することができる。

.1　適合書類又は仮適合書類が，関係する船舶に適切であること

.2　会社により定められた関係する船舶の安全管理システムが，本コードの基本要素を含んでおり，適合書類の発給における監査の間に評価されているか又は仮適合書類の発給の際に証明されていること

.3　会社が，3箇月内にその船舶の監査を計画していること

.4　船長及び士官が安全管理システム及びその実施のため計画された手順に精通していること

.5　重要であると識別された指示書が，出航前に提供されていること

.6　安全管理システムに関連した情報が，船内の使用言語又は乗組員の理解できる言語で提供されていること

15. 検査

15.1　本コードの規定により要求されるすべての検査は，機関が作成した指針性を考慮して，主管庁の容認できる手続きに従い実施されなければならない。

16. 証書の様式

16.1　適合書類，安全管理証書，仮適合書類及び仮安全管理証書は，本コードの付属に定める様式により作成されなければならない。使用言語が英語又はフランス語のいずれでもない場合には，証書には，これらの言語のいずれかによる訳文を含めなければならない。

16.2　適合書類及び仮適合書類に示された船舶の種類は，13.3の要件に加え，安全管理システムにおいて記述された船舶の運航上の制限を反映させるために添え書きすることができる。

索　　引

欧文

あ

か

さ

著 者 紹 介

山 崎 祐 介（やまざきゆうすけ）
1941 年 5 月生まれ。1964 年神戸商船大学航海学科卒業。
山下新日本汽船㈱，海技大学校・太平洋沿海フェリー㈱
を経て 1979 年富山商船高等専門学校航海学科講師，1988
年同校教授。2005 年同校名誉教授。

海事一般がわかる本（改訂版）　　定価はカバーに表示してあります。

2006年10月18日　初版発行
2024年 1 月28日　改訂 3 版発行

著　者　山 崎 祐 介
発行者　小 川 啓 人
印　刷　亜細亜印刷株式会社
製　本　東京美術紙工協業組合

発行所 株式会社 **成山堂書店**
〒160-0012　東京都新宿区南元町 4 番 51　成山堂ビル
TEL：03（3357）5861　　FAX：03（3357）5867
URL　https://www.seizando.co.jp
落丁・乱丁本はお取り換えいたしますので，小社営業チーム宛にお送りください。

Printed in Japan　　ISBN 978-4-425-42062-9